黄河口海域
生物多样性调查与评价

孙　珊　张　娟　李志林 ◎ 主编

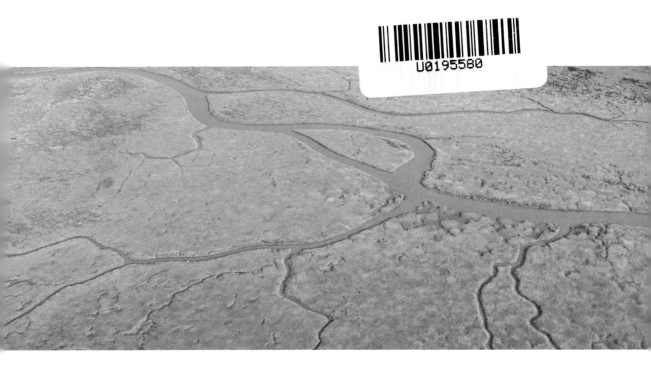

海洋出版社

2024年 · 北京

图书在版编目（CIP）数据

黄河口海域生物多样性调查与评价 / 孙珊，张娟，李志林主编. -- 北京：海洋出版社，2024. 8. -- ISBN 978-7-5210-1300-9

Ⅰ. P745

中国国家版本馆CIP数据核字第2024L52X67号

审图号：鲁SG（2024）023号

黄河口海域生物多样性调查与评价
HUANGHEKOU HAIYU SHENGWU DUOYANGXING DIAOCHA YU PINGJIA

策划编辑：赵　娟
责任编辑：赵　娟
责任印制：安　森

海洋出版社 出版发行
http://www.oceanpress.com.cn
北京市海淀区大慧寺路 8 号　　邮编：100081
涿州市般润文化传播有限公司印刷　　新华书店经销
2024年8月第1版　　2024年8月第1次印刷
开本：787mm×1092mm　　1／16　　印张：11.75
字数：236千字　　定价：168.00元

发行部：010-62100090　总编室：010-62100034
海洋版图书印、装错误可随时退换

《黄河口海域生物多样性调查与评价》
编委会名单

主　编： 孙　珊　张　娟　李志林

副主编： 陶慧敏　李少文　张潇文

编　委： 何健龙　于潇潇　付　萍　程　玲　姜晓瑜

王　宁　靳　洋　谷伟丽　李佳蕙　史雪洁

金晓杰　邱少男　王佳莹　王晓霞　田泽丰

李　凡　赵玉庭　陈珺琦　姜会超　王立明

何　鑫　邢红艳　刘家琦　刘　哲　王月霞

张孝民　由丽萍　徐炳庆　马元庆

前　言

　　黄河口海域位于渤海湾与莱州湾的湾口，是海洋和淡水生态系统的过渡区域，自然资源丰富。黄河径流携大量的有机质和营养盐入海，丰富的营养物质使河口海域形成了适于海洋生物生长、发育、繁殖的天然环境，该海域成为渤海初级生产力水平较高的海区。与此同时，黄河径流量和泥沙量的动态变化会直接改变黄河口近岸海水的盐度、营养盐水平和水体透明度，进而影响到河口区的生物生产力及整个河口生态系统。

　　历史上黄河口海域渔业资源丰富，形成了莱州湾和渤海湾及黄河口渔场，是许多经济鱼、虾、蟹和贝类等海洋生物的产卵场、索饵场和育肥场，是我国重要的水产增养殖基地，对渤海、黄海渔业资源补充具有重要作用，同时也是渤海的重要生态功能区，在生物多样性保护与生态功能恢复方面具有重要的现实意义与价值。该地区具有地球温带最完整、最广阔、最年轻的湿地生态系统，是维系河口生态系统发育和演替、构成河口生物多样性和生态完整性的重要基础生态体系，具有原生性、脆弱性和稀有性等特征。

　　生态环境部、国家发展和改革委员会等六部门印发《"十四五"海洋生态环境保护规划》提出"强化美丽海湾示范建设和长效监管，重点推动入海河口、海湾、滨海湿地与红树林、珊瑚礁、海草床等典型生态系统保护修复，健全海洋生物多样性调查、监测、评估和保护体系"。山东省生态环境厅、山东省发展和改革委员会、山东省财政厅、山东省自然资源厅等多部门联合印发《山东省生物多样性保护战略与行动计划（2021—2030年）》，要求划定生物多样性保护优先区域，明确规定黄河口海域、莱州湾海域、庙岛群岛海域以及胶州湾海域为生物多样性优先保护区域，提出"到2025年，持续推进黄河流域、黄渤海等生物多样性保护优先区域的本底调查与评估，初步建立生物多样性监测网络"。《山东省"十四五"生态环境保护规划》提出"加强海洋生物多样性保护""开展海洋生物多样性调查和监测，健全海洋生物生态监测评估网络体系"。山东省《海洋强省建设行动计划》提出"开展海洋生物多样性本底调查，加强海洋生物种类保护，建设海洋资源基础信息平台，建立健全海洋生态预警监测体系"。

为全面掌握黄河口海洋生物多样性现状，识别黄河口海洋生物多样性保护存在的主要问题，针对性提出黄河口海洋生物多样性保护和生态健康修复的对策建议，山东省海洋资源与环境研究院项目组于 2023 年 5 月、8 月在黄河口海域开展水环境、沉积物环境、浮游生物、浅海大型底栖生物等指标的现状调查，并结合历史调查数据分析黄河口海域生境现状及变化趋势，评价水环境和沉积物环境质量状况，获取了黄河口海域生物种类组成、密度分布及生物量、生物优势种现状及变化趋势数据，对黄河口海洋生物多样性进行系统评估，为海洋综合管理提供技术支撑和决策依据。

在本书编写和项目调查过程中，可能有考虑不到、设计不周的地方，加之作者水平有限，难免存在欠妥之处，诚恳地希望专家和读者给予批评指正。

编　者

2024 年 6 月

目　录

第1章
调查与评价内容

为保证黄河口海域生物多样性调查与评价结果的科学性、准确性，更加真实地反映出黄河口海域生物多样性状况，本次调查与评价过程中所开展的外业调查（包括站位布设、样品采集、样品储存与运输等流程）、样品分析、数据处理、环境状况评价等工作均依据国家及行业标准、规范等要求进行。主要依据包括但不限于：

《海洋监测规范》（GB 17378—2007）

《海洋调查规范》（GB/T 12763—2007）

《海洋监测技术规程》（HY/T 147—2013）

《近岸海域环境监测技术规范》（HJ 442—2020）

《海洋水产资源调查手册》

《海水质量状况评价技术规程（试行）》

《海洋沉积物质量综合评价技术规程（试行）》

《近岸海域生物多样性评价技术指南》（HY/T 215—2017）

1.1 调查范围

从地理位置上看，黄河口位于渤海湾南部与莱州湾西部的交汇处，包括现行黄河河道和刁口河故道，涵盖由黄河淤积、延伸和摆动所形成的陆域三角洲。本次黄河口海洋生物多样性调查海域范围以黄河口附近海岸线为起始线，向海延伸，覆盖37.3°—38.1°N、118.9°—119.6°E之间的海域（图1–1）。

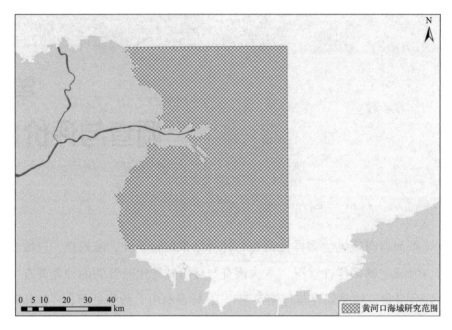

图 1-1　调查范围

1.2　站位布设

在黄河口海域共设置 20 个调查站位开展海洋生物多样性调查与评价工作（图 1-2）。

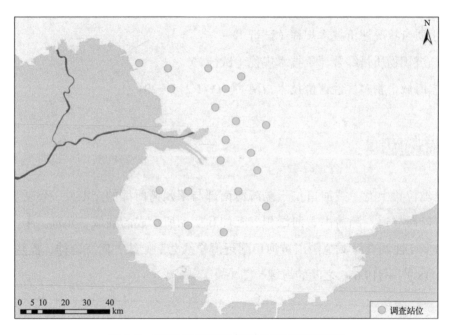

图 1-2　黄河口海洋生物多样性调查与评价站位

布点原则：主要采用大面站位均匀布点法，设置 20 个站位，具体根据现场水深状况做适度调整（表 1-1）。

表 1-1　调查站位经纬度

序号	站位号	纬度 / N	经度 / E
1	37050029	38.050 118°	119.004 454°
2	37050037	37.950 000°	119.133 333°
3	37050042	37.876 900°	119.308 341°
4	37050043	37.823 807°	119.390 660°
5	37050046	37.670 000°	119.330 000°
6	37050048	37.631 140°	119.474 845°
7	37050052	37.550 000°	119.200 000°
8	37050059	37.426 853°	119.078 572°
9	37050060	37.416 667°	119.200 000°
10	37050072	37.998 100°	119.411 100°
11	37050074	37.808 106°	119.509 780°
12	37050079	37.554 358°	119.086 697°
13	37070015	37.390 292°	119.342 195°
14	37070028	37.491 071°	119.509 626°
15	37050033	38.030 000°	119.120 000°
16	37050036	38.030 000°	119.280 000°
17	37050040	37.950 000°	119.350 000°
18	37050047	37.700 000°	119.450 000°
19	37050075	37.550 000°	119.400 000°
20	37050044	37.750 000°	119.350 000°

1

1.3 调查内容

黄河口海洋生物多样性调查与评价工作主要调查黄河口周边近岸受黄河径流直接影响的海域，重点调查浮游生物、底栖生物、游泳动物、鱼卵、仔稚鱼以及与生物多样性状况密切相关的水环境、沉积物环境等。

针对海洋生物的生长期、繁殖期、洄游期等生物特征，参照《海洋调查规范》（GB/T 12763—2007），结合黄河口的实际情况，确定了调查内容。具体调查内容如表1-2所示。

表1-2 调查内容一览表

调查对象	调查指标
浮游生物	种类组成、密度、总生物量等
大型底栖生物	种类组成、密度、生物量等
游泳动物	种类组成、密度、生物量等
鱼卵、仔稚鱼	种类组成、密度等
水环境	水温、pH、溶解氧、盐度、透明度、水色、水深、石油类、化学需氧量、总磷、活性磷酸盐、总氮、亚硝酸盐氮、硝酸盐氮、氨氮、叶绿素 a 等
沉积物环境	pH、容重、总氮、总磷、粒度、有机碳、石油类、重金属（铜、锌、铬、汞、镉、铅、砷等）、硫化物等

1.4 调查时间及频次

黄河口海域生物多样性调查时间主要根据黄河口海域的地理环境特点、生物习性、季节性差异等确定。

渤海作为我国的半封闭型内海，其坡度较缓，水深较浅，水体交换能力弱，生态环境容易受到人类活动及河流输入等因素的影响。黄河口近岸浅水区海水盐度受黄河径流影响大，同时，黄河径流会带来大量陆源营养盐输入，从而影响底栖和浮游生物的种类和数量。同时，该海区水温具有明显的季节变化，底栖生物、浮游生物群落种数和丰富度的季节性差异较为明显，因此选择在枯水期和丰水期各调查1次，调查选在5月和8月开展。

游泳动物主要是一些活动能力较强的暖水性种。对于这些活动能力较强的游泳动物，春季在此产卵，由于在冬季不能适应过低的温度条件，每年洄游到黄海深水区过冬，只季节性地分布在该区域。此外，黄河入海径流量对物种分布也有很大影响，河水会携带大量陆源性营养盐进入河口海域，为洄游性动物到此产卵索饵提供重要饵料资源。结合上述原因，为获得更加全面的游泳动物数据，在 5 月、8 月和 10 月各开展 1 次游泳动物和鱼卵、仔稚鱼的调查。

综上所述，浮游生物、浅海大型底栖生物、沉积物环境、水环境指标等分别在 5 月和 8 月各开展 1 次调查，共调查 2 次；游泳动物、鱼卵、仔稚鱼在 5 月、8 月和 10 月各开展 1 次调查，共调查 3 次。

1.5 调查方法

1.5.1 水环境

1.5.1.1 水样采集、贮存、运输

本次调查中水样的采集、贮存以及运输过程主要按照《海洋监测规范 第 3 部分：样品采集、贮存与运输》（GB 17378.3—2007）的要求进行。当水深小于 10 m 时，仅采集表层样品；当水深在 10 ~ 25 m 时采集表、底层海水，当水深在 25 ~ 50 m 时，水质采样采用三点法（表层、中层、底层），其中表层为距海面 0.5 m、中层为水深 10 m 处，底层为距海底 2.0 m。具体采样层次如表 1-3 所示。

表 1-3 水样采集层次

水深范围	采样层次
小于 10 m	表层
10 ~ 25 m	表层、底层
25 ~ 50 m	表层、10 m 层、底层

1.5.1.2 水样分析

1）水温

采用表层水温法现场测定。用表层水温表测量时先将金属管上端的提环用绳子拴住，在离船舷 0.5 m 以外的地方放入 0 ~ 1 m 水层中，待与外部的水温达到热平衡之后，即

感温 3 min 左右，迅速提出水面读数，然后将筒内的水倒掉，把该表重新放入水中，再测量一次，将两次测量的平均值按检定规程修订后，即为表层水温的实测值。具体监测方法及数据记录表参照《海洋监测规范　第 4 部分：海水分析》（GB 17378.4—2007）执行。

2）pH

采用 pH 计法测定。水样采集后，在 6 h 内完成测定。如果加入 1 滴氯化汞溶液，盖好瓶盖，允许保存 2 d，测定样品时，先用蒸馏水认真冲洗电极，再用水样冲洗，然后将电极浸入样品中，小心摇动或进行搅拌使其均匀，静置，待读数稳定时记下 pH 值。

若为现场测定，应先用标准缓冲溶液标定再测样品。测定样品时，先用蒸馏水淋洗电极末端，用滤纸吸干后插入样品，不时旋动盛样品的烧杯，电极充分平衡后，静置，调整"温度补偿器"刻度，使其与样品温度一致后，读取样品 pH 值。具体监测方法及数据记录表参照《海洋监测规范　第 4 部分：海水分析》（GB 17378.4—2007）执行。

3）溶解氧

现场测定方法：使用测量仪器前先校准，校准后将探头浸入样品，不能有空气泡截留在膜上，停留足够的时间，待探头温度与水温达到平衡，且数字显示稳定时读数。必要时，根据所用仪器的型号及对测量结果的要求，检验水温、气压或含盐量，并对测量结果进行校正。具体监测方法及数据记录表参照《水质溶解氧的测定电化学探头法》（HJ 506—2009）执行。

实验室测定采用碘量法，水样中溶解氧与氯化锰和氢氧化钠反应，生成高价锰棕色沉淀。加酸溶解后，在碘离子存在下即释出与溶解氧含量相当的游离碘，然后用硫代硫酸钠标准溶液滴定游离碘，换算溶解氧含量。具体监测方法及数据记录表参照《海洋监测规范　第 4 部分：海水分析》（GB 17378.4—2007）执行。

4）盐度

采用盐度计法，测量海水样品与标准海水在 101 325 Pa 下的电导率比 R_0，再查国际海洋常用表，得出海水样品的实用盐度。具体监测方法及数据记录表参照《海洋监测规范　第 4 部分：海水分析》（GB 17378.4—2007）执行。

现场测定还可将整机调试至正常工作状态后，将水下单元吊放至海面以下，使传感器浸入水中感温 3 ~ 5 min，下降进行观测。为保证测量数据的质量，取仪器下放时获取的数据为正式测量值，仪器上升时获取的数据作为数据处理时的参考值。具体监测

方法及数据记录表参照《海洋调查规范 第2部分：海洋水文观测》（GB/T 12763.2—2020）执行。

5）透明度

采用透明圆盘法进行观测。具体观测方法参照《海洋监测规范 第4部分：海水分析》（GB 17378.4—2007）执行。

6）水色

采用比色法。根据水色计目测确定，水色计是由蓝色、黄色、褐色3种溶液按一定比例配成的22支不同色级，分别密封在22支内径8 mm、长100 mm无色玻璃管内，置于敷有白色衬里两开的盒中。具体监测方法及数据记录表参照《海洋监测规范 第4部分：海水分析》（GB 17378.4—2007）执行。

7）水深

采用水深测量法。具体监测方法参照《海洋调查规范 第2部分：海洋水文观测》（GB/T 12763.2—2020）执行。

8）石油类

采用紫外分光光度法，本法适用于近海、河口水中油类的测定。水体中油类的芳烃组分，在紫外光区有特征吸收，其吸收强度与芳烃含量成正比。水样经正己烷萃取后，以油标准品作参比，进行紫外分光光度测定。采样后4 h内萃取，萃取液避光贮存于5℃冰箱内，有效期20 d。具体监测方法及数据记录表参照《海洋监测规范 第4部分：海水分析》（GB 17378.4—2007）执行。

9）化学需氧量

采用碱性高锰酸钾法。在碱性加热条件下，用已知量并且是过量的高锰酸钾，氧化海水中的需氧物质。然后在硫酸酸性条件下，用碘化钾还原过量的高锰酸钾和二氧化锰，所生成的游离碘用硫代硫酸钠标准溶液滴定。具体监测方法及数据记录表参照《海洋监测规范 第4部分：海水分析》（GB 17378.4—2007）执行。

10）总磷

采用流动分析法。水样在酸性介质和高温高压条件下，用过硫酸钾氧化，有机磷化合物被转化为无机磷，无机聚合态磷水解为正磷酸盐。消化后水样中的正磷酸盐用流动分析法测定。具体监测方法及数据记录表参照《海洋监测技术规程 第1部分：海水》（HY/T 147.1—2013）执行。

11）活性磷酸盐

采用流动分析法。在酸性介质中，活性磷酸盐与钼酸铵在酒石酸锑钾的催化下反应生成磷钼黄，在pH值小于1时被抗坏血酸还原为磷钼蓝，于880 nm波长处检测。具体监测方法及数据记录表参照《海洋监测技术规程 第1部分：海水》（HY/T 147.1—2013）执行。

12）总氮

采用流动分析法。样品在碱性介质和高温高压条件下，用过硫酸钾氧化，样品中无机氮和有机氮均被氧化为硝酸盐。硝酸盐经流动分析仪的铜－镉还原柱还原为亚硝酸盐，与磺胺/N－（1-萘基）-乙二胺盐酸盐反应生成红色络合物，在波长550 nm处测定。具体监测方法及数据记录表参照《海洋监测技术规程 第1部分：海水》（HY/T 147.1—2013）执行。

13）亚硝酸盐氮

采用流动分析法。在酸性介质中，亚硝酸盐与磺胺发生重氮化反应，其产物再与盐酸萘乙二胺偶合生成红色偶氮染料，于550 nm波长处测定。具体监测方法及数据记录表参照《海洋监测技术规程 第1部分：海水》（HY/T 147.1—2013）执行。

14）硝酸盐氮

采用流动分析法。水样通过铜－镉还原柱，将硝酸盐定量地还原为亚硝酸盐，与磺胺在酸性介质条件下进行重氮化反应，再与盐酸萘乙二胺偶合生成红色偶氮染料，于550 nm波长处检测。测定处的亚硝酸盐总量，扣除水样中原有的亚硝酸盐含量，即可得到硝酸盐的含量。具体监测方法及数据记录表参照《海洋监测技术规程 第1部分：海水》（HY/T 147.1—2013）执行。

15）氨氮

采用流动分析法。以亚硝酰铁氰化钠为催化剂，铵盐与水杨酸钠和二氯异氰尿酸钠在碱性条件下反应生成一种蓝色化合物，于660 nm波长处测定。具体监测方法及数据记录表参照《海洋监测技术规程 第1部分：海水》（HY/T 147.1—2013）执行。

16）叶绿素 a

采用分光光度法。以丙酮溶液提取浮游植物色素，在 664 nm 波长下测定吸光度，测定叶绿素 a 的含量。具体操作步骤参照《海洋监测规范　第 7 部分：近海污染生态调查和生物监测》（GB 17378.7—2007）执行。

1.5.2　沉积物环境

1.5.2.1　沉积物样品的采集

对海洋沉积物采集表层沉积物，采样器多选择抓斗式采泥器。将绞车的钢丝绳与采泥器连接，检查是否牢固，同时测采样点水深；慢速开动绞车将采泥器放入水中。稳定后，常速下放至离海底一定距离 3 ~ 5 m，再全速降至海底。采集深度不应小于 5 cm，慢速提升采泥器离底后，快速提至水面，再行慢速，当采泥器高过船舷时，停车，将其轻轻降至接样板上。打开采泥器上部耳盖，轻轻倾斜采泥器，使上部积水缓缓流出。若因采泥器在提升过程中受海水冲刷，致使样品流失过多或因沉积物太软、采泥器下降过猛，沉积物从耳盖中冒出，均应重采。具体采样方法参照《海洋监测规范　第 3 部分：样品采集、贮存与运输》（GB 17378.3—2007）执行。

1.5.2.2　沉积物样品测定

1）pH

沉积物 pH 测定采用电位法，使用 pH 计。当规定的指示电极和参比电极浸入土壤悬浊液时，构成一原电池，其电动势与悬浊液的 pH 有关，通过测定原电池的电动势即可得到土壤的 pH。在测定之前按照仪器使用方法校准仪器，确认无误后开始测定样品 pH。具体操作步骤参照《土壤检测　第 2 部分：土壤 pH 的测定电位法》（NY/T 1121.2—2006）执行。

2）容重

采用环刀法测定。利用一定容积的环刀切割自然状态的沉积物，使沉积物充满其中，称量后计算单位体积的烘干沉积物质量，即为容重。具体操作步骤参照《土壤检测　第 4 部分：土壤容重的测定》（NY/T 1121.4—2006）执行。

1

3）有机碳

采用重铬酸钾氧化－还原容量法。在浓硫酸介质中，加入一定量的标准重铬酸钾，在加热条件下将样品中有机碳氧化成二氧化碳。剩余的重铬酸钾用硫酸亚铁标准溶液回滴，按重铬酸钾的消耗量，计算样品中有机碳的含量。具体操作步骤及数据记录表参照《海洋监测规范　第 5 部分：沉积物分析》（GB 17378.5—2007）执行。

4）总氮

采用过硫酸钾氧化法。海洋沉积物样品在碱性和 110 ~ 120℃ 条件下，用过硫酸钾氧化，有机氮化合物、亚硝酸氮和铵态氮被转化为硝酸氮。消解完成后，取上层澄清消解液通过镀铜的镉还原柱，在缓冲溶液中硝酸盐被还原为亚硝酸盐。在酸性条件下，亚硝酸盐通过与磺胺和 N-(1- 萘基)- 乙二胺盐酸盐发生重氮偶氮反应，生成含氮的染料，在波长 540 nm 处有最大吸收，此物质的浓度与沉积物中原来的总氮浓度成正比。具体操作步骤参照《近岸海域环境监测技术规范　第 4 部分：近岸海域沉积物监测》（HJ 442.4—2020）执行。

5）总磷

采用分光光度法。样品在催化剂的作用下，用浓硫酸破坏沉积物中的有机物，使样品中的有机磷和无机磷均以 PO_4^{3-} 的形式存在，在酸性溶液中，用钒钼酸铵处理，生成黄色的 $(NH_4)_3PO_4NH_4VO_3 \cdot 16MoO_3$，在波长 420 nm 下比色测定。具体操作步骤及数据记录表参照《海洋监测规范　第 5 部分：沉积物分析》（GB 17378.5—2007）执行。

6）含水率

采用重量法测定。将已知重量的沉积物湿样（或风干样），于 105℃ ± 1℃ 烘至恒重。用两次重量的差值计算样品的含水率。具体操作步骤及数据记录表参照《海洋监测规范　第 5 部分：沉积物分析》（GB 17378.5—2007）执行。

7）粒度

采用激光粒度仪法。用自动化粒度分析仪（如激光粒度分析仪）分析沉积物粒度，应与综合法、筛析法、沉析法对比合格后方能使用。具体操作步骤及数据记录表参照《海洋调查规范　第 8 部分：海洋地质地球物理调查》（GB/T 12763.8—2007）执行。

8）硫化物

采用亚甲基蓝分光光度法测定。沉积物样品中的硫化物与盐酸反应生成硫化氢，随

水蒸气一起蒸馏出来，被乙酸锌吸收生成硫化锌。在酸性介质中当三价铁离子存在时，硫离子与对氨基二甲基苯胺反应生成亚甲基蓝，在 650 nm 波长处进行光度测定。具体操作步骤及数据记录表参照《海洋监测规范　第 5 部分：沉积物分析》（GB 17378.5—2007）执行。

9）石油类

采用紫外分光光度法测定。沉积物用正己烷萃取后，以标准油作参比，沉积物中的芳烃组分，在紫外光区有特征吸收，其吸收强度与芳烃含量成正比，进行紫外分光光度测定。具体操作步骤及数据记录表参照《海洋监测规范　第 5 部分：沉积物分析》（GB 17378.5—2007）执行。

10）重金属

沉积物重金属共测定 7 个指标，分别为铜、锌、铅、镉、汞、砷、铬。

铜、锌、铅、镉测定均采用火焰原子吸收分光光度法，汞、砷测定采用原子荧光法，铬测定采用无火焰原子吸收分光光度法。具体操作步骤及数据记录表参照《海洋监测规范　第 5 部分：沉积物分析》（GB 17378.5—2007）执行。

铜、铅、镉、锌、铬和砷的测定，也可采用电感耦合等离子体质谱法，具体操作步骤及数据记录表参照《海洋监测技术规程　第 2 部分：沉积物》（HY/T 147.2—2013）执行。

1.5.2.3　样品保存

分析后的沉积物样品，可依资料分析、应用程度和学术价值高低，确定全部或部分保留。保留样品应按各专业的要求保管。

1.5.2.4　计算及统计资料整理

按照《海洋监测规范　第 5 部分：沉积物分析》（GB 17378.5—2007）对统计资料进行记录、统计、整理。

1.5.3　浮游生物

1.5.3.1　浮游生物样品采集

依据《海洋监测规范　第 7 部分：近海污染生态调查和生物监测》（GB 17378.7—2007）的要求开展黄河口海域浮游生物调查。分别采用浅水Ⅰ型、Ⅱ型浮游生物网自底至表垂直拖曳采集浮游动物，采用浅水Ⅲ型浮游生物网采集浮游植物。其操作步骤如下。

（1）每次下网前应检查网具是否破损，发现破损应及时修补或更换网衣，检查网底管是否处于正常状态。放网入水，网口入水后，下网速度一般不能超过 1 m/s，以钢丝绳保持紧直为准。当网具接近海底时，绞车应减速，当沉锤着底，钢丝绳出现松弛时，应立即停车，记下绳长。

（2）网具到达海底后可立即起网，速度保持在 0.5 m/s 左右。网口未露出水面前不可停车，网口离开水面时应减速并及时停车，谨防网具碰剐船底或卡环碰撞滑轮，使钢丝绳绞断，网具失落。

（3）把网升至适当高度，用冲水设备自上而下反复冲洗网衣外表面（切勿使冲洗的海水进入网口）使黏附于网上的标本集中于网底管内。将网收入甲板，开启网底管活门，把标本装入标本瓶，再关闭网底管活门，冲洗筛绢套，如此反复多次，直至残留标本全部收入标本瓶中。

（4）加入甲醛或酒精溶液进行固定。

采样时应注意以下事项：①遇倾角超过 45° 时，应加重沉锤重新采样；②遇网口刮船底或海底时，应重新采样。

1.5.3.2　浮游植物样品分析

黄河口海域浮游植物的调查依据《海洋监测规范　第 7 部分：近海污染生态调查和生物监测》（GB 17378.7—2007）中"浮游生物生态调查"执行，采用直接计数法进行分析，具体操作为：

（1）将待计数样品摇匀，用移液器准确吸取一定体积置于相应计数框内，盖上盖玻片使不留气泡；

（2）移计数框于显微镜下鉴定物种并计数，计数时一般以种为单位分别计数，优势种、常见种、赤潮生物种应力求鉴定到种；

（3）数据记录。

1.5.3.3　浮游动物样品分析

黄河口海域浮游动物样品采用《海洋监测规范　第 7 部分：近海污染生态调查和生物监测》（GB 17378.7—2007）中"浮游生物生态调查"进行分析。浮游动物样品冲洗静置沉淀后进行必要浓缩，测定其生物量及计数。

1）湿重生物量测定

筛绢标定:将筛绢剪成与漏斗内径等大,浸湿后铺于漏斗中,用真空泵抽去多余水分,称取筛绢湿重并记录,标定后的筛绢可重复使用;

样品测定:把标定过的筛绢铺于漏斗中,开动真空泵,倒入已剔除杂质的待测样品;待水分滤干后关闭真空泵,将样品（连同筛绢）置于天平称重并记录,减去标定筛绢重量即为浮游动物湿重生物量。

2）个体计数

样品数量较少的应转入计数框,全部计数;

若样品数量较大,应先将个体大的标本全部拣出分别计数,其余样品稀释成适当体积后用取样管取样计数;

计数时一般以种为单位分别计数,优势种、常见种应力求鉴定到种,所有浮游动物的残损个体,按有头部的计数。

1.5.3.4　计算及统计资料整理

鉴定、计数及测定结果按本部分各调查要素所规定的公式和格式进行计算、统计。

参照《海洋监测规范　第7部分:近海污染生态调查和生物监测》（GB 17378.7—2007）的有关要求,填写各类报表。

1.5.4　大型底栖生物

1.5.4.1　样品采集

依据《海洋监测规范　第7部分:近海污染生态调查和生物监测》（GB 17378.7—2007）中"大型底栖生物生态调查"进行黄河口海域大型底栖生物的调查。使用抓斗式采泥器按以下方法操作。

投放:将采泥器活门上的铁链挂在挂钩上,慢慢开动绞车,提升采泥器。随着钢丝绳拉紧,两颗瓣自动张开。采泥器上升到略超过船舷时,即转动吊杆将其送出舷外,待稳定后慢速下降,入水后再快速下降。放出的钢丝绳可稍长于水深。在浅海采样时,当放出的钢丝绳松弛时,即采泥器已着底,应立即停车。在深水采样时,可根据钢丝绳倾角的大小,加适当的余量。

提升:开始用慢速,离底后改用快中速,接近水面时,再用慢速。当采泥器超过船舷时，应立即停车，转动吊杆使之移近船舷或用铁钩将其钩入舷内，再慢慢下降，将采泥器放在一预先准备好的白铁盘中。先打开采泥器两颚瓣上方的活门，从活门处观察沉积物的颜色、厚度和生物栖息情况等，并做好记录。然后将活门上的铁链重新挂于挂钩上，慢慢开动绞车，使采泥器上升离开铁盘，颚瓣即自动打开，使泥样落入盘中。

采样面积达到规范要求，其中 0.05 m² 采泥器采泥 2 ~ 4 斗及以上，0.025 m² 采泥器采泥 4 ~ 8 斗及以上。

随后按照《海洋监测规范　第 7 部分：近海污染生态调查和生物监测》（GB 17378.7—2007）中"大型底栖生物生态调查"的要求进行样品分析。

1.5.4.2　样品处理及保存

样品采集完成后，对样品进行淘洗并分离标本，生物样品处理采用过筛器直接淘洗法。筛网选取孔目 0.5 mm 的网筛，用海水反复冲洗分选大型底栖生物。采得的所有样品仔细倒入样品瓶中，并添加 5% 的甲醛固定保存。随后将样品带回实验室进行种类鉴定、个体计数、生物量计算。具体操作按《海洋监测规范　第 7 部分：近海污染生态调查和生物监测》（GB 17378.7—2007）中"大型底栖生物生态调查"实施。

1.5.4.3　样品整理及分析

1）标本整理

操作步骤如下：①将带回的标本进行初步鉴定，按照不同站点按种分离，计数，及时加入固定液；②按分类系统依次排列、编号，写好标签，标签上应包含采样地点、经纬度、日期等信息。待墨汁干后，分投各标本瓶中。

2）称重、计数、计算

操作步骤如下：①将标本放于吸水纸上吸去表面水分，去除底栖动物的管子、寄居蟹的寄居外壳、体表伪装物和其他附着物；②用感量 0.01 g 扭力天平称取湿重，称量干重用感量 0.000 1 g 的天平称量，将标本用淡水或蒸馏水冲洗，吸去表面水分，置70 ~ 100℃ 烘箱中至恒重；③对易断的纽虫，环节动物只计头部，软体动物死壳不计数。标本量大时，可取部分称重计数换算；④将称重、计数结果填入表格，并注明湿重（甲醛湿重或酒精湿重）、干重；⑤依据取样面积，将记录表中各种数据换算为单位面积的栖息密度（ind./m²）和生物量（g/m²）。

1.5.4.4 物种鉴定

优势种和主要类群的种类应力求鉴定到种，无法鉴定到种的先进行必要的特征描述，暂以 sp. 表示。鉴定时若发现一瓶中有两种以上生物，应将其分出另编新号，注明标本原出处，并及时更改标签和表格中有关数据。种类鉴定结果若与原标签初定种名不符，也应立即更改标签。

1.5.4.5 样品保存

分析、测量、鉴定后的样品，可依资料分析、应用程度和学术价值高低，确定全部或部分保留。保留样品应按各专业的要求保管。

1.5.4.6 计算及统计资料整理

鉴定、计数及测定结果按本部分各调查要素所规定的公式和格式进行计算、统计。

按《海洋监测规范　第 7 部分：近海污染生态调查和生物监测》（GB 17378.7—2007）的有关要求，填写各类报表。

1.5.5 游泳动物

游泳动物调查及分析均按《海洋调查规范　第 6 部分：海洋生物调查》（GB/T 12763.6—2007）中"游泳动物调查"要求进行。

1.5.5.1 样品采集

根据不同种类、不同生活阶段的生态习性，统一采用船只功率 220 kW 渔船作为调查船，调查均安排在白天进行，风力小于 6 级，每船必须加充足的冰块，以保证航次样品保鲜。调查统一采用单船底拖网调查。

游泳动物拖网调查按《海洋调查规范　第 6 部分：海洋生物调查》（GB/T 12763.6—2007）、《海洋水产资源调查手册》和《全国海岸带和海涂资源综合调查简明规程》的相关规定执行。渔业资源拖网调查所用网具为单拖底拖网，网口 1 080 目，网目尺寸 40 mm，网口周长 51.5 m，囊网网目尺寸 20 mm。每站拖网 1 h，平均拖速为 2.0 ~ 3.0 kn。拖网时，网口宽度约 5 m，每站的实际扫海面积为 23 150 m²。

放网：在距标准站位位置 2 ~ 4 n mile 时放网，经 1 h 拖网后正好到达标准站位位置或附近。放网前测定船位，放网时间以曳纲着底开始受力时为准。

拖网：尽可能保持拖网方向朝着标准站位，记录鱼群映象出现的位置信息和拖网速度的改变情况，要注意周围船只动态和调查船的拖网是否正常等。若出现不正常拖网时，应视其情况改变拖向或立即起网。

起网：临起网前必须准确测定船位，起网时间以起网机开始卷收曳纲的时间为准。如遇严重破网，应重新拖网。

记录渔捞要素：把每站渔捞要素记录在表（拖网卡片）。

1.5.5.2　样品处理及保存

渔获物现场分类并记录种类，样本冰冻保存带回实验室详细测定生物学数据。生物学测定采用随机取样法收集各种类的样品，超过 50 ind. 的种类，随机抽取 50 ind. 进行生物学测定，不足 50 ind. 则测定全部样品，生物学测定内容包括体长、体重、性别等生物学特性。

记录估计的网次总重量（kg）。总重量在 30 ~ 40 kg 及以下时，全部取样分析；总重量大于 40 kg 时，随机取出样品 20 kg 左右；样品装箱扎好标签，及时冰鲜或速冻或浸制。特殊小型标本要装好瓶子放好标签，用 5% 的甲醛或工业酒精固定；大型样品及时冰鲜或速冻保存。

1.5.5.3　样品保存

分析、测量、鉴定后的样品，可依资料分析、应用程度和学术价值高低，确定全部或部分保留。保留样品应按各专业的要求保管。

1.5.5.4　计算及统计资料整理

按照规范要求对调查结果进行计算，并对统计资料进行整理。

1.5.6　鱼卵及仔稚鱼

1.5.6.1　样品采集

鱼卵及仔稚鱼调查及分析均按《海洋调查规范　第 6 部分：海洋生物调查》（GB/T 12763.6—2007）中"鱼类浮游生物调查"或《海洋监测技术规程　第 5 部分：海洋生态》（HY/T 147.5—2013）中"鱼类浮游生物—体式显微镜计数法"要求进行。

定性采样：一般在海水表层（0 ~ 3 m）或其他水层进行水平拖网 10 ~ 15 min，船速为 1 ~ 2 kn。所用网具、水层及拖网时间应分别根据调查的目的和调查区鱼卵、仔稚鱼密度来决定。

定量采样：由海底至海面垂直或倾斜拖网。落网速度为 0.5 m/s，起网速度为 0.5 ~ 0.8 m/s。也可采用定性采样方法进行。

网具选取规范准确，出海前仔细检查网底管和网衣是否破损，鱼卵、仔稚鱼调查根据《海洋调查规范　第 6 部分：海洋生物调查》（GB/T 12763.6—2007）的有关要求执行。定量样品采集使用浅水 I 型浮游生物网（口径 50 cm，长 145 cm）自底至表垂直取样，定性样品采集使用大型浮游生物网（口径 80 cm，长 280 cm）表层水平拖网 10 min，拖网速度 2 kn。采集的样品经 5% 甲醛海水溶液固定保存后，在实验室进行样品分类鉴定和计数。

1.5.6.2　样品分析

样品分析按照《海洋调查规范　第 6 部分：海洋生物调查》（GB/T 12763.6—2007）中"鱼类浮游生物调查"或《海洋监测技术规程　第 5 部分：海洋生态》（HY/T 147.5—2013）中"鱼类浮游生物—体式显微镜计数法"要求进行。

1.5.6.3　样品保存

分析、测量、鉴定后的样品，可依资料分析、应用程度和学术价值高低，确定全部或部分保留。保留样品应按各专业的要求保管。

1.6　评价方法

1.6.1　水环境评价

根据调查结果，依据《海水质量状况评价技术规程（试行）》《海水水质标准》（GB 3097—1997），对水环境 pH、溶解氧、无机氮、石油类、化学需氧量等进行海水水质评价。结合化学需氧量、无机氮、无机磷调查结果等进行海水富营养化评价。

1.6.1.1　单因子指数法

海水质量评价采用单因子指数法，公式如下：

$$P_i = C_i / Ss_i$$

式中，P_i 为第 i 种污染物的海水质量；C_i 为第 i 种污染物的实测值；Ss_i 为第 i 种污染物的评价标准值。

海水质量评价标准应依据评价海域海洋功能分类，选取《海水水质标准》（GB 3097—1997）中对应的标准限值。当 $P_i \leqslant 1.0$ 时，海水质量符合标准；当 $P_i > 1.0$ 时，海水质量超过标准。

1.6.1.2 综合指数法

海水富营养化采用富营养化指数（E）法，其计算公式为

$$E = \frac{COD（mg/L）× 无机氮（mg/L）× 无机磷（mg/L）}{4\,500} × 10^6$$

当 $E \geqslant 1$ 即为富营养化。依据《海水质量状况评价技术规程（试行）》中表1-4确定海水富营养化等级。

表1-4 富营养化等级判定标准

富营养化等级	富营养化指数（E）
轻度富营养化	$1 \leqslant E \leqslant 3$
中度富营养化	$3 < E \leqslant 9$
重度富营养化	$E > 9$

水质有机污染风险评价采用有机污染综合指数法及有机污染等级进行评价。即：

$$A = COD_i / COD_s + IN_i / IN_s + IP_i / IP_s - DO_i / DO_s$$

式中，A 为有机污染指数；COD_i、IN_i、IP_i 和 DO_i 分别为实测值；COD_s、IN_s、IP_s 和 DO_s 分别为相应要素一类海水水质标准，分别为 2.0 mg/L、0.2 mg/L、0.015 mg/L 和 6.0 mg/L。有机污染水平等级如表1-5所示。

表1-5 有机污染评价分级表

A值	<0	0~1	1~2	2~3	3~4	>4
污染程度分级	0	1	2	3	4	5
水质评价	良好	较好	开始受到污染	轻度污染	中度污染	严重污染

1.6.2 沉积物环境评价

根据调查结果，依据《海洋沉积物质量》（GB 18668—2002）、《海洋沉积物质量综合评价技术规程（试行）》对沉积物 pH、沉积物总氮、沉积物总磷等做现状描述，对硫

化物、有机碳进行理化性质评价，石油类、重金属（铜、锌、铬、总汞、镉、铅、砷）进行一般污染物指标评价。

沉积物质量评价采用单因子指数法，公式如下：

$$P_i = C_i / Ss_i$$

式中，P_i 为第 i 种污染物的沉积物质量指数；C_i 为第 i 种污染物的实测值；Ss_i 为第 i 种污染物的评价标准值。

沉积物质量评价标准应依据评价海域海洋功能分类，选取《海洋沉积物质量标准》（GB 18668—2002）中对应的标准限值。

当 $P_i \leq 1.0$ 时，沉积物质量符合标准；当 $P_i > 1.0$ 时，沉积物质量超过标准。

1.6.3　海洋生物多样性评价

汇总本次调查数据及区域内历史调查资料，计算黄河口海域各类型生物的物种数量、生物密度、生物量、Shannon-Wiener 多样性指数、Pielou 均匀度指数、Margalef 物种丰富度指数、优势种优势度指数、海洋营养级指数等指标，主要指标计算方法及评价标准如下。

1）Shannon-Wiener 多样性指数

Shannon-Wiener 多样性指数，也称香农 - 维纳多样性指数，用于描述生物群落多样性，综合考虑了群落的丰富度和均匀度。Shannon-Wiener 指数值越高，表明群落多样性越高，物种分布越均匀。

Shannon-Wiener 多样性指数计算公式如下：

$$H' = -\sum_{i=1}^{S} \left(\frac{N_i}{N}\right) \log_2 \left(\frac{N_i}{N}\right)$$

式中，H' 为 Shannon-Wiener 多样性指数；N 为生物总个体数；S 为生物种类数；N_i 为第 i 种生物个体数。

$H' \geq 1.5$，表明生物多样性较高；$1.5 < H' < 1.0$，表明生物多样性一般；$H' \leq 1.0$，表明生物多样性较差。

2）Pielou 均匀度指数

Pielou 均匀度能反映生物群落各物种间数量分布的均匀程度。均匀度越高，表示群落中不同物种之间的相对丰度越接近。

Pielou 均匀度指数计算公式如下：

$$J' = \frac{H'}{\log_2 S}$$

式中，J' 为 Pielou 均匀度指数；H' 为 Shannon-Wiener 多样性指数；S 为物种数。均匀度指数 J' 越接近 1 表明生物群落均匀性越好。

3）Margalef 物种丰富度指数

Margalef 物种丰富度指数是一种用来评估生物群落丰富度的指标，通过将群落中物种的数量（S）与群落中个体总数（N）进行比较，来衡量群落的物种丰富度。较高的丰富度指数表示群落具有更高的物种丰富度，而较低的指数则表示群落的物种丰富度较低。

Margalef 物种丰富度指数计算公式如下：

$$d = \frac{S - 1}{\log_2 N}$$

式中，d 为 Margalef 物种丰富度指数；S 为调查站位所有的物种数目；N 为调查站位的所有个体数量。

4）优势种优势度指数

优势种以优势度指数判断，表明群落中某一物种所占的优势程度。

优势种优势度指数的计算公式为

$$Y = \frac{n_i}{N} \times f_i$$

式中，Y 为优势种优势度指数；N 为所有种类的总个体数；n_i 为第 i 种的总个体数；f_i 为该种在各样品中出现的频率。$Y > 0.02$ 的种类为优势种。

5）海洋营养级指数

营养级指数用以评估生物群落的稳定性和健康程度。海洋营养级指数高说明海洋生物多样性较高，且海洋生态系统完整性处于较高水平。

海洋营养级指数计算公式如下：

$$TL = \frac{\sum (TL_i)(Y_i)}{\sum Y_i}$$

式中，TL 为海洋营养级指数；TL_i 为游泳动物第 i 种物种的营养级；Y_i 为游泳动物中第 i 种物种的生物量。

第2章
生境状况调查与评价

从生态学角度上看，海洋生物资源与其所处的海洋生态环境状况是密切相关的，两者是有机统一的整体。环境决定了生物群落的结构及其变化方向，而生物的个体、种群或群落的变化也是对环境变化的响应，一定程度上反映出环境状况的改变。因此，对于黄河口海域生物多样性调查与评价工作，以及以此为基础开展的生物多样性研究和保护工作，不仅需要关注海洋生物本身，同时也需要全面考虑其与环境的相互影响。

黄河作为世界上输沙量最多的河流，是连接陆地与渤海的纽带，其从山东省东营市流入渤海，泥沙径流在入海的过程中携带了丰富的营养盐等物质，构成了黄河口海域生态系统的物质环境基础，使黄河口海域成为海洋生物资源的重要育成场所、产卵地和索饵场所。河口区域区别于河流区域及大洋区域，不管在近海海洋结构还是在生态环境上，都充分体现着其自身的复杂性。黄河口生态系统是黄河淡水与渤海咸水交汇形成的生态系统，具有较强的边际效应和高生产力。黄河口海域生态环境复杂多变，咸淡水汇合为海洋生物提供了丰富的饵料资源和优质的栖息环境，但同时其生态环境的稳定性也容易受到人类活动、自然因素等干扰。

开展黄河口海洋生境状况调查与评价工作，对于了解黄河口海域生境现状及变化趋势，厘清黄河口生态系统存在的威胁，降低黄河口海域海洋生境破碎化的可能性具有重要意义。本章针对黄河口海域生态系统的特点，开展了水环境指标（包括水文指标、常规指标、营养盐指标等）、沉积物环境指标（包括常规指标、营养盐指标、重金属指标、有机污染物指标等）的调查，利用调查结果（采用各站位各层次样品测定结果的平均值）并结合历史数据，分析、评价了黄河口海域生境状况，为后续进一步研究黄河口海域生物多样性状况提供基础环境数据。

2.1 水环境调查与评价

海洋水环境与海洋生物多样性之间存在着密切的关系和相互作用。海洋水体环境为海洋生物提供了生存和繁衍的场所，而海洋生物反过来也影响了水体环境的结构和功能，海洋生物多样性的维持有助于维护海洋环境的稳定和健康。

海洋水体环境作为影响海洋生物多样性的主要因素之一，不同的水体环境可以孕育出不同类型的海洋生物群落，海洋水体的水深、温度、盐度、pH、营养盐等理化因子也会影响海洋生物的分布和繁衍。同时，海洋生物同样也影响和塑造着海洋水体环境，一方面，海洋生物通过呼吸和排泄等活动影响水体环境中的溶解氧、pH、温度等理化因子，另一方面，海洋生物的生存和繁衍对于维护健康的海洋水体环境至关重要。

总而言之，海洋水体环境与海洋生物多样性之间的关系是复杂而密切的，它们之间相互作用、相互影响。为了更好地了解黄河口海域的生物多样性状况，为保护和恢复工作提供科学依据，首先需要深入地探究黄河口海域的水环境状况。这包括水文、常规理化因子、营养盐等多方面的内容。此外，还需要关注这些状况的变化趋势，以便及时发现并应对可能的环境问题。

2.1.1 水文指标

2.1.1.1 水深

由于黄河携带的大量泥沙以及河口地区的自然环境变化，河口、河道的位置和形态经常发生变化，黄河口三角洲不断冲淤演变，造成了附近海域岸线和水深的较大变化。这种变化不仅影响了黄河的入海流量和水质，还对黄河口三角洲的冲淤演变产生了重要影响。黄河口三角洲的冲淤演变是一个复杂的过程，在黄河水的冲刷和海水的侵蚀作用下，三角洲的形态不断变化，一些地方淤积增长，一些地方则被冲刷侵蚀。在某些区域，由于泥沙的大量沉积，海岸线可能向海洋推进，导致水深变浅；而在其他区域，由于海水的侵蚀作用，海岸线可能后退，导致水深变深。这些变化对附近海域的生态系统产生了影响。

大量资料表明，水深对海洋生物多样性的影响体现在多个方面。一是水深影响海洋生物的食物来源和营养层级。水深的变化影响光照的强度和分布，进而影响海洋植物的光合作用，在光照充足的上层水域，浮游植物通过光合作用产生有机物质，为其他生物提供食物和能量来源。随着水深的增加，光照逐渐减弱，影响了初级生产力的数量，进而影响食物链和营养层级。二是水深影响海洋生物物种分布和多样性。不同的水深往往会有不同的生物种类和数量。例如，深海环境中可能存在一些特定的深海生物种群，而在浅水区域，物种的种类和数量可能会更加丰富。这主要是因为不同的水深环境提供了不同的生存条件和食物资源。三是水深的不同造就了栖息地的多样性。水深的变化也会影响海底的地形和地貌，从而为各种生物提供不同的栖息地。四是水深影响海洋生物的适应性。不同的水深环境会对生活在其中的生物产生自然选择压力，促使它们适应特定的环境条件。五是水深的变化也会影响生态系统的结构。例如，浅水区域通常会有较为复杂的生态系统，包括多个食物链层次和多样的生物种群，而深海生态系统则可能更加简单。2023 年 5 月和 8 月黄河口海域水深状况如表 2-1 所示。

表 2-1　2023 年 5 月和 8 月黄河口海域水深

水深	5 月	8 月
最小值	2.8 m	2.4 m
最大值	16.8 m	17.0 m
平均值	10.2 m	10.5 m

　　2023 年 5 月对黄河口海域水深状况的调查结果显示，黄河口海域水深变化范围为 2.8 ~ 16.8 m，平均值为 10.2 m。等深线是水下地貌特征的重要标志，等深线变迁反映了水下地形冲淤演变规律以及海床在垂直于岸线方向上的变化。2023 年 5 月黄河口海域等深线呈明显的辐射状分布，总体来看由黄河口近岸至离岸方向，水深逐渐增加（图 2-1）。等深线由黄河入海口门处向东北方向海域呈舌状突起且分布密集，等深线向海淤进变化较明显，反映出河口海域水深受黄河泥沙输入的影响明显。同时，在黄河入海口门两侧以及较深的海域，等深线变化幅度相对较小，说明黄河入海泥沙的扩散范围有限。2023 年 8 月，黄河口海域调查范围内水深变化范围为 2.4 ~ 17.0 m，平均值为 10.5 m，与 5 月相差不大。等深线分布与 5 月整体一致，均呈辐射状分布，由黄河口近岸至离岸方向，水深逐渐增加（图 2-2）。

　　黄河口海域的水深变化受到黄河的水文条件、河口动力条件、泥沙输移和地形演变等多重因素的共同影响。黄河的流量和含沙量是影响黄河口海域水深的主要因素。黄河的流量决定了河口的动力条件，而河口的动力条件又影响着泥沙的输移和地形的演变。

2

同时，黄河的含沙量也会影响泥沙在河口地区的沉积，进而影响水深。与5月等深线的分布情况相比较，8月黄河口海域等深线分布相对更加密集。8月黄河处于丰水期，入海流量较大，携带的泥沙量也相应增加，大量泥沙在河口沉积，等深线向海淤进更加明显，等深线分布相对更为密集。

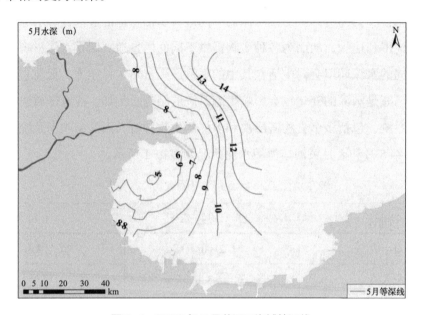

图2-1 2023年5月黄河口海域等深线

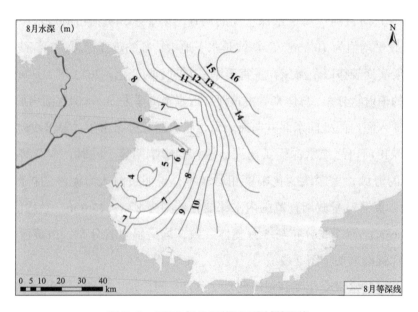

图2-2 2023年8月黄河口海域等深线

2.1.1.2　水温

水温作为一种海洋环境基础要素，对于维护海洋生物的多样性和生态系统的稳定性至关重要。水温对海洋生物多样性的影响是极为复杂且是多维度的，涉及生物的生长、繁殖、代谢、行为、分布等多个方面。

一是水温影响海洋生物的生长和繁殖。海洋生物生长速度和繁殖行为与水温密切相关，水温的升高可能会使某些生物的繁殖提前，也可能会影响幼体的存活率。水温还会影响生物的生长速度，从而影响其生命周期。二是水温影响海洋生物的代谢率和生物行为：水温过高或过低，生物可能需要消耗更多的能量来维持生命活动，这可能会影响其生存和繁殖。一些海洋生物也会根据水温的变化来调整自身的活动范围和行为模式。三是水温影响海洋生物物种分布：随着全球气候变化，海洋温度也在不断变化，这导致许多物种的分布区域发生变化。一些物种可能会因此而迁移到新的地区，也可能会在原居住地灭绝。这种物种分布的变化会影响海洋生物的多样性。四是水温的变化会影响海洋生物的食物链和生态系统。例如，水温的升高可能会改变某些生物的数量和分布，从而影响它们的食物来源和竞争关系。这些变化进一步影响到整个生态系统的结构和功能，对生物多样性产生深远的影响。五是水温还可能影响海洋生物感染疾病和寄生虫的风险。一些病原体和寄生虫的生命周期与水温密切相关，水温的变化可能会影响它们的繁殖和传播，从而影响生物的生存。2023 年 5 月和 8 月黄河口海域水温状况如表 2-2 所示。

表 2-2　2023 年 5 月和 8 月黄河口海域水温

水温	5 月	8 月
最小值	13.4℃	23.3℃
最大值	21.9℃	29.0℃
平均值	16.5℃	26.8℃

黄河口海域属于温带季风气候，受气候变化影响，黄河口水温随季节变化显著。2023 年 5 月调查结果显示，黄河口海域水温变化范围为 13.4 ~ 21.9℃，平均值为 16.5℃。在空间分布上，5 月黄河口海域等温线相对平滑，由西南近岸至东北海域方向，等值线分布较为密集，水温整体呈梯度降低的趋势，总体来看黄河口北部海域水温低于南部海域水温（图 2-3）。2023 年 8 月调查结果显示，黄河口海域水温变化范围为23.3 ~ 29.0℃，平均值为 26.8℃，明显高于 5 月水温。在空间分布上，8 月黄河口海域等

温线向南突起，水温整体呈由北向南逐渐升高的变化趋势，黄河口北部海域水温总体同样低于南部海域水温（图2-4）。与8月相比，5月的等温线更为密集。丰水期（8月）黄河径流量及近岸海域的降水量明显增加，大量外来水的输入导致河口区水动力较强，水体扩散快，使温度的平面变化趋于平缓，表现为均匀的温差，等温线较为稀疏。枯水期（5月）由于径流量和降水量明显减少，河口水动力变弱，近岸海域的水温的变化更加剧烈，等温线相对密集。

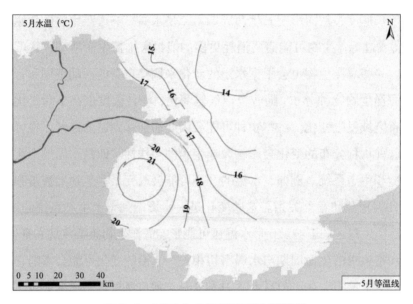

图2-3　2023年5月黄河口海域等温线

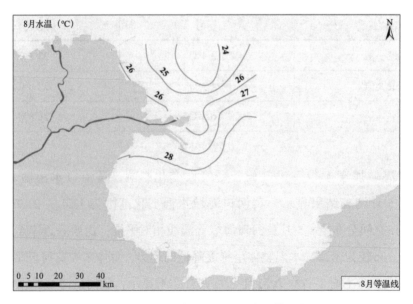

图2-4　2023年8月黄河口海域等温线

2.1.1.3 透明度

海水透明度是表征海水浑浊程度的一个重要参数，可以反映出海水的光传输能力，是海洋调查中的基本参量。海水透明度对海洋生物多样性有着显著的影响。透明度的降低直接影响了光的穿透深度，进而影响了海洋生物的光合作用，而这些生物通常是海洋食物链的基础，它们的减少可能导致更高营养级的生物受到影响，进而导致生物多样性的降低。此外，透明度还影响海洋生物的栖息地选择，一些物种可能更倾向于在清澈的水域中寻找食物或避难，而其他物种可能更适应浑浊的水域。透明度的变化可能导致物种重新分布和栖息地变化，从而影响生物多样性。2023 年 5 月和 8 月黄河口海域透明度状况如表 2-3 所示。

表 2-3　2023 年 5 月和 8 月黄河口海域透明度

透明度	5 月	8 月
最小值	0.2 m	0.2 m
最大值	2.7 m	2.2 m
平均值	1.3 m	0.9 m

2023 年 5 月调查结果显示，黄河口海域海水的透明度变化范围为 0.2 ~ 2.7 m，平均值为 1.3 m。在空间分布上，黄河口以北海域透明度相对较高，自黄河口近岸向北、向东，透明度逐渐升高，透明度低值区主要位于黄河口南部海域（图 2-5）。2023 年 8 月，

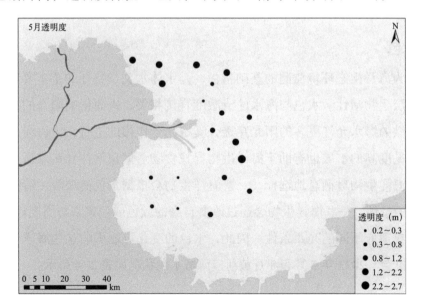

图 2-5　2023 年 5 月黄河口海域透明度

黄河口调查海域海水透明度变化范围为 0.2 ～ 2.2 m，平均值为 0.9 m，较 5 月平均透明度降低 30.8%。在空间分布上，黄河口附近透明度最低，自黄河口近岸向北、向东、向南，透明度均逐渐升高（图 2-6）。8 月黄河口海域海水的透明度较 5 月下降明显，且透明度的低值区由 5 月的黄河口南部离岸海域转移至 8 月的黄河口近岸海域。8 月丰水期黄河携带大量泥沙入海，这些泥沙会降低海水的透明度，在黄河口附近形成了显著的低透明度的浑浊水舌。

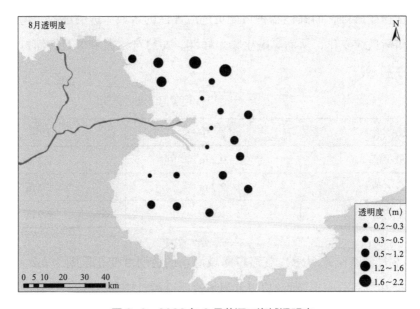

图 2-6　2023 年 8 月黄河口海域透明度

2.1.1.4　水色

水色作为海洋生态环境监测的基础指标，是水体水文学特征的基本要素之一，可反映海洋表层生物活性。水色与海水的清澈度直接相关，进而影响阳光的穿透深度和能见度。清澈的海水允许更多的阳光穿透，支持光合作用的进行，为海洋生物提供能量来源。能见度高的水域也有助于海洋生物寻找食物、繁殖伙伴和避难所。同时，水色能够影响海洋生物对栖息地选择，一些海洋生物会根据水色的深浅、清澈度等特征选择合适的栖息地。一些海洋生物会通过改变自身的颜色或色素来与周围环境相适应，以进行伪装或适应不同的光照条件。因此，水色的变化可能影响这些海洋生物的伪装策略和生存机会。2023 年 5 月和 8 月黄河口海域水色状况如表 2-4 所示。

表 2-4　2023 年 5 月和 8 月黄河口海域水色

水色	5月	8月
最小值	10	11
最大值	16	17
平均值	13	14

　　调查结果显示，2023 年 5 月黄河口海域海水水色变化范围为 10 ~ 16 号，平均值为 13 号（图 2-7）。2023 年 8 月，调查海域海水水色变化范围为 11 ~ 17 号，平均值为 14 号（图 2-8），较 5 月有所升高，水色高值区位于黄河口门近岸海域，与透明度的低值区相对应。海水中所含的悬浮颗粒物，包括泥沙、浮游生物、溶解有机物等，它们的大小、质量浓度以及反射和散射光线的能力都会影响海水的水色。夏季，黄河入海泥沙量增加，黄河口水温较高，生物大量生长、繁殖，这一系列因素可能导致海水呈现较深的颜色；而春季，黄河泥沙输入量减少且水温较低，生物量减少，海水中溶解氧的含量较高，这些因素可能导致海水水色较低。

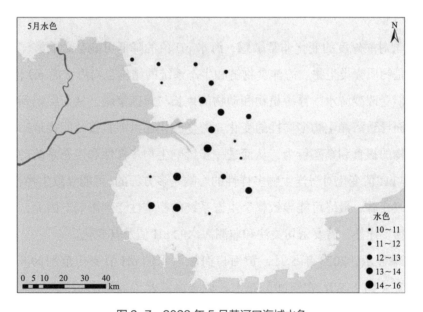

图 2-7　2023 年 5 月黄河口海域水色

2

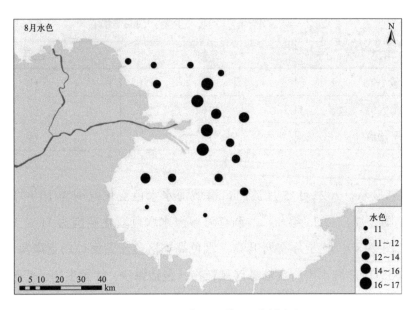

图 2-8　2023 年 8 月黄河口海域水色

2.1.2　常规指标

2.1.2.1　pH 值

海洋生物对酸碱度的变化非常敏感，海水 pH 值的降低可能会影响海洋生物的生理机能，尤其是钙质壳类生物。海洋食物链和生态系统的结构也与海水的 pH 值密切相关，海洋酸化可能会改变海水中浮游植物和动物的生长与繁殖策略，从而影响到食物链的正常运转，进而导致海洋生物多样性的变化。海洋酸化还可能直接或间接地影响到鱼类和其他海洋动物的摄食和繁殖行为，从而进一步影响生物多样性和生态系统的稳定性。总的来说，海洋 pH 值变化对海洋生物多样性的影响是多方面的，可能导致生物种群的变化、繁殖行为的改变等，最终可能导致整个生态系统的稳定性受到影响。因此，对于维护和保护海洋生物多样性，需要密切关注和监测海水的 pH 值及其变化。

调查结果显示，2023 年 5 月，黄河口海域海水的 pH 值变化范围为 8.12 ~ 8.34，平均值为 8.23（图 2-9）。在空间分布上，调查海域北半部海水 pH 值整体高于南半部海水 pH 值，黄河入海口门处海水 pH 值较低。自 2019 年以来，黄河口海域 5 月同期 pH 值变化范围为 8.01 ~ 8.23，平均值为 8.11，其中 2021 年 5 月 pH 值最低，至 2022 年 5 月 pH 值出现较大幅度升高，增加了 0.22 个单位（图 2-10）。

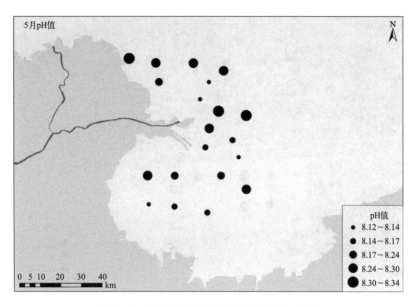

图 2-9　2023 年 5 月黄河口海域海水 pH 值

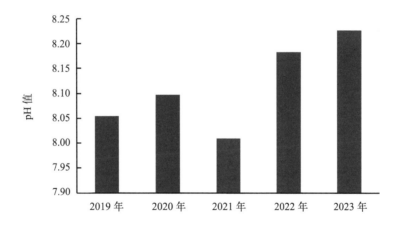

图 2-10　2019—2023 年 5 月同期黄河口海域海水 pH 值

2023 年 8 月，黄河口调查海域海水的 pH 值变化范围为 7.74 ~ 8.32，平均值为 8.01，明显低于 5 月 pH 值（图 2-11）。整体来看，调查海域南半部海水 pH 值高于北半部 pH 值。近 5 年来，黄河口海域 8 月同期 pH 值变化范围为 8.01 ~ 8.16，平均值为 8.08，整体呈降低的年际变化趋势，尤其是自 2021 年以来，黄河口海域 pH 值连续下降，2023 年 pH 值较 2019 年降低了 0.15 个单位（图 2-12）。

2

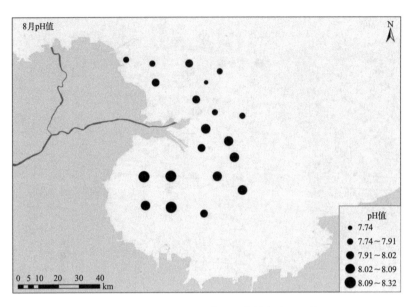

图 2-11　2023 年 8 月黄河口海域海水 pH 值

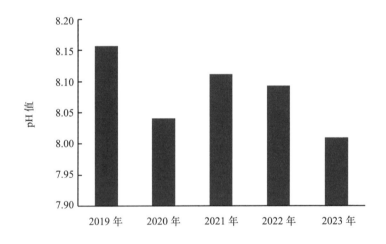

图 2-12　2019—2023 年 8 月同期黄河口海域海水 pH 值

2.1.2.2　盐度

　　海水盐度对海洋生物多样性的影响是多方面的，涉及生理、生态、遗传等多个层面，这种影响在不同种类的海洋生物之间存在差异，从而塑造了丰富多样的海洋生态系统。海洋生物通过渗透调节来维持细胞内外的渗透压平衡，高盐度的海水会引起细胞水分丢失，而低盐度的海水则可能导致细胞膨胀和水中毒。影响海水盐度的多种离子对于维持细胞功能和生物体内的化学反应至关重要，海洋生物需要适应海水中的离子组成和浓度，以确保正常的细胞功能和代谢过程。许多海洋生物需要在适宜的盐度下才能进行繁殖，盐度过高或过低都可能会影响这些生物的繁殖能力，导致海洋生物的分布范围受到限制。有研究发现，盐度变化可以影响海洋生物的基因表达，这可能会影响到它们的生长、发育和适应性，从而影响生物多样性。盐度的变化还可能会改变海洋食物链的结构和组成，从而影响整个生态系统的稳定性。

调查结果显示，2023 年 5 月，黄河口海域盐度变化范围为 20.1 ～ 28.5，平均值为 26.5，总体而言黄河口近岸海水盐度低于离岸（图 2-13）。盐度最低值出现在黄河入海口门附近，这是由于黄河入海口门处水深较浅，受黄河入海淡水的影响显著，盐度整体较低。近 5 年来，黄河口海域 5 月同期盐度变化范围为 26.5 ～ 29.4，平均值为 28.0，2019—2021 年 5 月同期黄河口海域盐度总体较高，自 2021 年起，盐度整体逐年降低（图 2-14）。

2023 年 8 月，黄河口海域盐度变化范围为 19.2 ～ 30.1，平均值为 26.9，黄河口近岸海水盐度总体相对较低（图 2-15）。盐度最低值同样出现在黄河入海口门附近海域。黄河携大量低盐冲淡水入海，在河口附近海域形成盐度低值区，并且在潮流和余流的作用下向外海扩散。受冲淡水向右偏转扩散影响，影响范围内右岸的盐度值低于左岸。近 5 年来，调查海域 8 月同期盐度变化范围为 26.2 ～ 28.7，平均值为 27.2，自 2019 年起，盐度呈波动变化，但整体有所降低（图 2-16）。

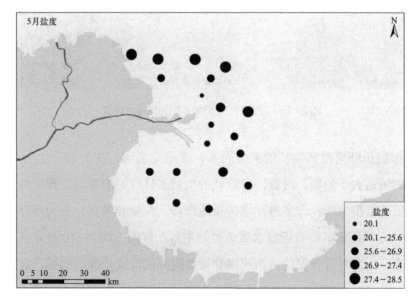

图 2-13　2023 年 5 月黄河口海域海水盐度

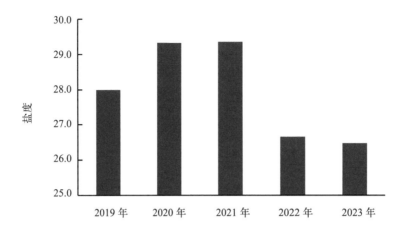

图 2-14　2019—2023 年 5 月同期黄河口海域海水盐度

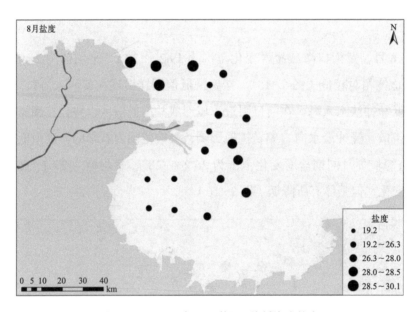

图 2-15　2023 年 8 月黄河口海域海水盐度

　　盐度是影响鱼虾繁殖和生长的关键因素，有研究表明，在 5—9 月，盐度对鱼虾生长和繁殖的影响远大于温度，对黄河口海域的生物多样性影响深远。黄河口海域低盐区作为陆源物质的富集海区，许多海洋动物在此产卵、育幼和索饵，成为海洋生物的重要生存空间。4—6 月是黄河口及近海水域鱼类的主要产卵期，而 7—10 月是当年生仔稚鱼生长的主要季节，此时需要保持适当规模和持续时间的低盐产卵育幼场，黄河调水调沙等大流量输入过程对低盐区面积的扩大和维持具有十分重要的作用。

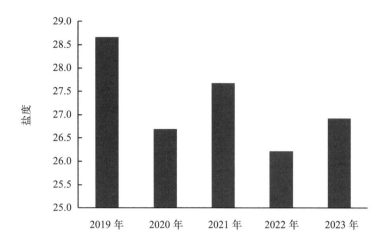

图 2-16　2019—2023 年 8 月同期黄河口海域海水盐度

2.1.2.3　溶解氧（DO）

海水中的溶解氧是海洋生态系统的重要组成部分，其主要来源于大气中的氧气溶解以及海水中植物的光合作用产生，对于海洋生物的生存和健康有着至关重要的影响。海水中溶解氧的含量直接影响到海洋生物的呼吸，氧气含量的高低直接影响着海洋生物的生存和繁殖，进而影响整个海洋生态系统的平衡。

大量资料表明，海水中溶解氧的含量受到多种因素的影响，包括气候、海洋环流、海水的垂直混合等自然因素，同时，人类活动对海洋环境的影响也广泛波及溶解氧含量。全球气候变暖和海洋营养负荷的增加是导致溶解氧减少的重要原因，气候变暖会影响海洋的氧溶解能力，而人类排放的富含营养物质的污水会使藻类疯狂增长，一旦大量藻类死亡，微生物会消耗氧气来分解它们，导致溶解氧含量大幅度减小。这种溶解氧的减少会对海洋生物的多样性产生负面影响，进而影响海洋生物的生存和多样性。

调查结果显示，2023 年 5 月，黄河口海域海水中溶解氧含量变化范围为 8.09 ~ 10.5 mg/L，平均值为 9.40 mg/L，在空间分布上，5 月黄河口海域海水中溶解氧的含量表现出明显的南北分布差异，北半部海域溶解氧含量整体上高于南半部海域，与水温的空间分布基本相反，符合理论上水温与溶解氧含量的负相关性，水温的升高降低了氧气在海水中的溶解（图 2-17）。2019—2023 年 5 月同期，调查海域海水中溶解氧含量呈波动变化，变化范围为 6.79 ~ 9.40 mg/L，平均值为 8.15 mg/L（图 2-18）。

2

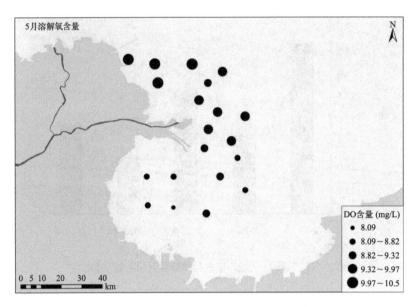

图 2-17　2023 年 5 月黄河口海域海水溶解氧含量

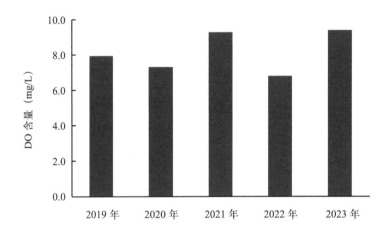

图 2-18　2019—2023 年 5 月同期黄河口海域海水溶解氧含量

　　2023 年 8 月，黄河口海域海水中溶解氧含量变化范围为 4.27 ～ 6.84 mg/L，平均值为 5.69 mg/L，较 5 月出现大幅度降低。一方面，8 月较高的水温减少了氧气在海水中的溶解；另一方面，夏季海洋生物生长繁殖旺盛，复杂的生物化学过程会对溶解氧的含量产生影响。在空间分布上，总体而言黄河口近岸海域溶解氧含量明显高于离岸海域（图 2-19）。2019—2023 年 8 月同期，调查海域海水中溶解氧含量呈波动变化，变化范围为 5.61 ～ 7.81 mg/L，平均值为 6.22 mg/L（图 2-20）。

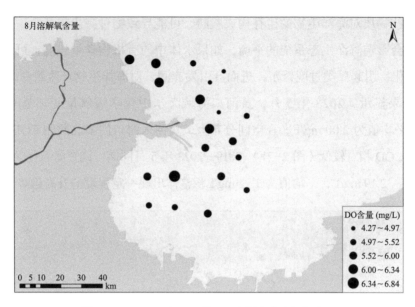

图 2-19　2023 年 8 月黄河口海域海水溶解氧含量

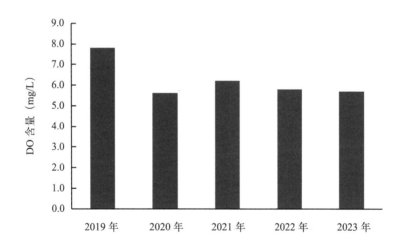

图 2-20　2019—2023 年 8 月同期黄河口海域海水溶解氧含量

2

2.1.2.4　化学需氧量（COD）

　　海水化学需氧量是评价海水水体有机物污染程度的重要指标之一，海水化学需氧量的高低对海洋生物多样性具有重要影响。当海水中的化学需氧量增加时，说明水体中含有的有机物增多，这可能导致水体的缺氧，进而影响水中的生物，特别是需氧生物的生存。较高的化学需氧量意味着更多的有机物存在，这些有机物可能包括有毒物质、农药等，这些物质对海洋生物的生存构成威胁，可能导致物种减少或死亡。化学需氧量的变化可能会影响海洋生态系统的平衡，如果水体中的有机物含量过高，可能会导致水体的富营养化，引起藻类过度繁殖，进而会引发赤潮，对海洋生物产生致命的影响。

调查结果显示，2023年5月，黄河口海域海水中化学需氧量变化范围为1.38 ~ 2.59 mg/L，平均值为2.00 mg/L，在空间分布上，黄河入海口门南北两侧COD相对较高，入海口以东COD相对较低（图2-21）。2019—2023年5月同期，调查海域化学需氧量变化范围为1.25 ~ 2.19 mg/L，平均值为1.72 mg/L，整体出现一定程度的升高趋势（图2-22）。

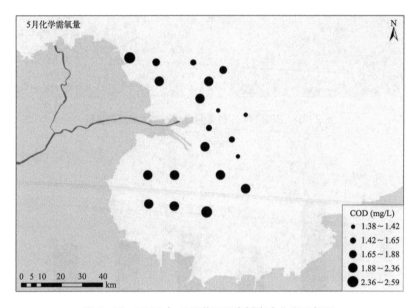

图2-21 2023年5月黄河口海域海水化学需氧量

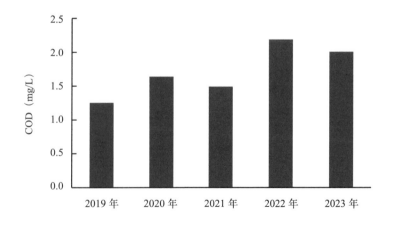

图2-22 2019—2023年5月同期黄河口海域海水化学需氧量

2023 年 8 月，黄河口海域海水中化学需氧量变化范围为 0.54 ~ 1.96 mg/L，平均值为 1.35 mg/L，明显低于 5 月。在空间分布上，黄河入海口及南侧 COD 相对较高，靠近入海口北侧 COD 相对较低（图 2-23）。2019—2023 年 8 月同期，调查海域化学需氧量变化范围为 1.26 ~ 1.74 mg/L，平均值为 1.51 mg/L，整体呈现降低的年际变化趋势（图 2-24）。

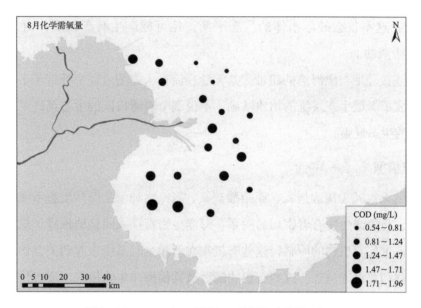

图 2-23 2023 年 8 月黄河口海域海水化学需氧量

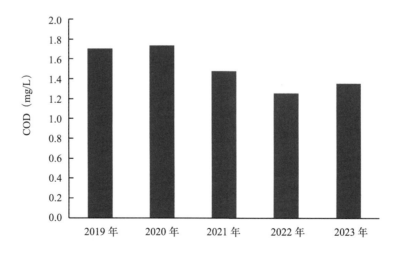

图 2-24 2019—2023 年 8 月同期黄河口海域海水化学需氧量

2.1.3 营养盐指标

营养盐是海洋生物生长和繁殖所必需的物质基础，贯穿了浮游植物光合作用、能量储备、细胞分裂及沉降消解等生长消亡的全过程。海水中的营养盐被浮游植物吸收后，转化为有机物质，为整个海洋生态系统提供能量，同时释放氧气，成为维持海洋生态平衡的关键。而过量营养盐的输入可能引起水体富营养化，导致某些藻类过度繁殖，这不仅会破坏水体的生态平衡，还可能产生有毒物质，对人类和海洋生物构成健康威胁。

黄河是连接陆地与渤海湾的纽带，其泥沙径流在入海的过程中携带了丰富的营养盐等物质，构成了海域生态系统的物质基础，不仅调节着河口区的生态系统平衡，还维系着近岸海域的生态健康。

2.1.3.1 无机氮

海水中的无机氮（硝酸盐氮、亚硝酸盐氮、氨氮之和）是海洋生态系统中的重要维持要素之一，与海洋生物有着密切的关系。海洋生物直接或间接地依赖无机氮作为合成蛋白质和其他重要有机物的原料，这些有机物在海洋生态系统中起到关键作用，是维持海洋生物生存和繁殖的基础。这些有机物随后被其他海洋生物摄取，逐级传递，形成复杂的食物链结构。因此，无机氮的供应对维持海洋生态系统的稳定和生物多样性具有重要意义。

调查结果显示，2023 年 5 月黄河口海域海水中硝酸盐氮、亚硝酸盐氮及氨氮的含量变化范围分别为 0.201 ~ 0.723 mg/L、0.003 3 ~ 0.037 6 mg/L 和 0.005 2 ~ 0.240 mg/L，平均值分别为 0.359 mg/L、0.011 8 mg/L 和 0.043 1 mg/L。从无机氮的组成上来看（图 2-25），硝酸盐氮是无机氮最主要的成分，占比达到 86.74%，氨氮次之，占比 10.41%，而亚硝酸盐氮占比最少，仅占 2.85%。海水中硝酸盐、亚硝酸盐和氨氮之间的相互转化关系对海洋生物有着重要的影响，它们是维持海洋生态平衡和生物多样性的关键因素之一。

总的来看，2023 年 5 月黄河口调查海域无机氮的含量变化范围为 0.244 ~ 0.815 mg/L，平均值为 0.414 mg/L。在空间分布上，黄河入海口门近岸及广利港、潍坊港附近海域无机氮含量整体较高，尤其是在黄河入海口门处海域出现了无机氮含量的最高值（图 2-26）。有研究表明，黄河口无机氮含量与黄河入海输沙量呈正相关，即黄河带来的营养盐输入对河口海域无机氮的含量及分布具有极为重要的影响。2019—2023 年 5 月同期，调查海域海水中硝酸盐氮、亚硝酸盐氮及氨氮的平均含量分别为 0.327 mg/L、0.011 6 mg/L 和 0.038 1 mg/L，同样表现为硝酸盐氮含量占比最高，氨氮次之，亚硝酸盐氮占比最小。2019—2023 年 5 月同期无机氮含量变化范围为 0.301 ～ 0.474 mg/L，平均值为 0.377 mg/L，其中 2019 年无机氮含量最高，自 2020 年 5 月起，无机氮含量逐年升高（图 2-27）。

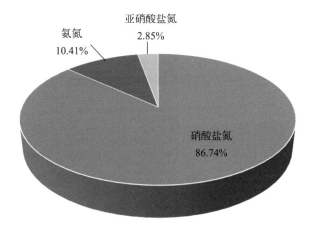

图 2-25　2023 年 5 月黄河口海域海水无机氮含量组成

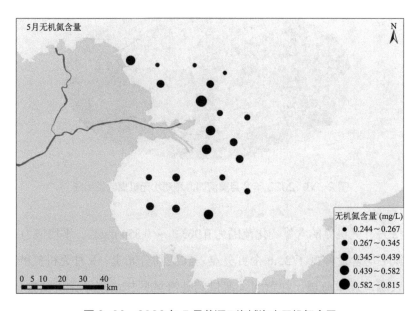

图 2-26　2023 年 5 月黄河口海域海水无机氮含量

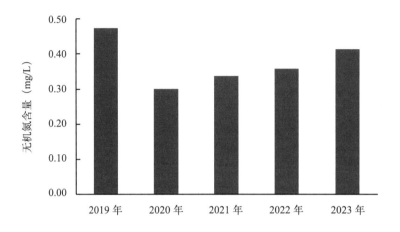

图 2-27　2019—2023 年 5 月同期黄河口海域海水无机氮含量

2023 年 8 月，黄河口海域海水中硝酸盐氮、亚硝酸盐氮及氨氮的含量变化范围分别为 0.017 3 ～ 0.788 mg/L、0.007 9 ～ 0.133 mg/L 和 0.006 2 ～ 0.109 mg/L，平均值分别为 0.188 mg/L、0.033 7 mg/L 和 0.044 7 mg/L。在无机氮的组成中，硝酸盐氮含量占比为 70.57%，仍为无机氮的主要组分，但较 5 月占比有所降低，氨氮、亚硝酸盐氮含量的占比较 5 月均有所升高，分别达到了 16.78% 和 12.65%（图 2-28）。

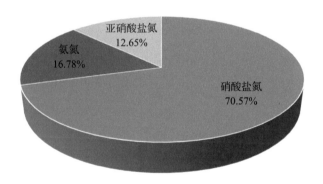

图 2-28　2023 年 8 月黄河口海域海水无机氮含量组成

2023 年 8 月，无机氮的含量变化范围为 0.063 3 ～ 0.854 mg/L，平均值为 0.267 mg/L，较 5 月无机氮平均含量降低了 35.6 个百分点。在空间分布上，8 月无机氮的高值区主要分布在黄河入海口近岸海域，在黄河入海口门处海域同样出现了无机氮含量的最高值，总体上表现为自黄河入海口向离岸海域逐渐降低的分布趋势（图 2-29）。2019—2023 年

8 月同期，黄河口海域海水中硝酸盐氮、亚硝酸盐氮及氨氮的平均含量分别为 0.261 mg/L、0.033 3 mg/L 和 0.041 5 mg/L。近 5 年来，8 月同期无机氮含量变化范围为 0.267 ~ 0.423 mg/L，平均值为 0.336 mg/L，2019 年 8 月至 2022 年 8 月，无机氮含量逐年升高，2023 年无机氮含量明显降低（图 2-30）。

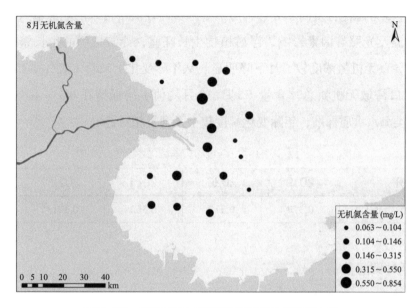

图 2-29　2023 年 8 月黄河口海域海水无机氮含量

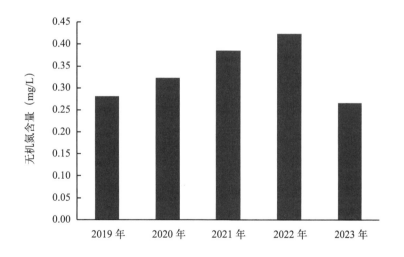

图 2-30　2019—2023 年 8 月同期黄河口海域海水无机氮含量

总体而言，在空间分布上，2023 年 5 月和 8 月黄河口海域无机氮含量的高值区均主要位于入海口近岸海域，尤其是入海口北部近岸海域，无机氮最高含量分别达到了 0.815 mg/L 和 0.854 mg/L，说明黄河口海域无机氮含量受黄河径流输入的影响显著。在时间尺度上，2023 年 5 月和 8 月调查海域无机氮的平均含量分别为 0.414 mg/L 和 0.267 mg/L，5 月总体含量高于 8 月，虽然 8 月黄河径流所带来的陆源输入较高，但由于夏季受水温及光照等因素影响，浮游植物生长旺盛，浮游植物的生长繁殖会大量消耗无机氮，导致无机氮浓度较 5 月下降明显。从年际变化上来看（表 2-5），自 2019 年以来，黄河口海域无机氮总体含量（5 月、8 月均值）均保持在 0.3 ~ 0.4 mg/L 之间，即符合第三类海水水质标准，年际变化幅度较小，含量相对稳定。

表 2-5　自 2019 年以来黄河口海域海水无机氮含量

年份	2019	2020	2021	2022	2023
无机氮含量（mg/L）	0.377	0.312	0.362	0.391	0.340

2.1.3.2　活性磷酸盐

活性磷酸盐也是海洋中的主要营养成分之一，其在浮游植物的生长繁殖过程中起着重要的作用，适当的磷酸盐含量可以提高水中的营养水平，进一步促进浮游植物的繁殖，提高各营养级的生物量。磷酸盐还是蛋白质、细胞、酶等生物体分子的组成部分，磷酸盐的缺乏会对水生动物的生长发育产生不良影响，导致体重下降、繁殖力降低，甚至出现疾病或死亡。活性磷酸盐含量的增加也可能导致水体富营养化，引发一系列环境问题，如藻类过度繁殖、水体缺氧等。

调查结果显示，2023 年 5 月，黄河口海域海水中活性磷酸盐含量变化范围为未检出 ~ 0.006 30 mg/L，平均值为 0.002 40 mg/L，在黄河入海口门附近及广利港附近海域，活性磷酸盐含量整体较高（图 2-31）。自 2019 年以来，黄河口海域活性磷酸盐含量变化范围为 0.001 90 ~ 0.005 48 mg/L，除 2019 年 5 月海水中磷酸盐含量相对较高外，其余年份 5 月同期磷酸盐含量均较低且波动幅度较小（图 2-32）。

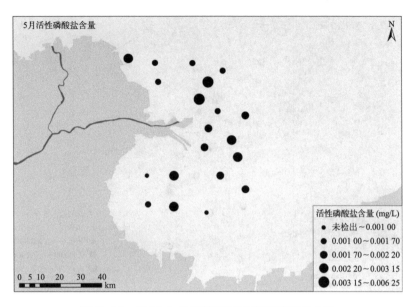

图 2-31　2023 年 5 月黄河口海域活性磷酸盐含量

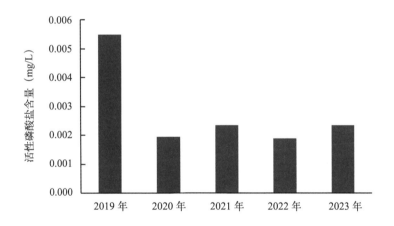

图 2-32　2019—2023 年 5 月同期黄河口海域活性磷酸盐含量

　　2023 年 8 月，黄河口海域海水中活性磷酸盐含量变化范围为未检出 ～ 0.009 20 mg/L，平均值为 0.003 34 mg/L，较 5 月平均含量有所升高。在空间分布上，黄河口东南部海域活性磷酸盐的含量总体较高，另外广利港以东及潍坊港以北也存在活性磷酸盐的浓度较高海域（图 2-33）。近 5 年黄河口海域活性磷酸盐含量变化范围为 0.001 33 ～ 0.003 34 mg/L，2020 年和 2023 年 8 月海水中活性磷酸盐含量相对较高，其余年份 8 月同期活性磷酸盐含量均较低且波动幅度较小（图 2-34）。

2

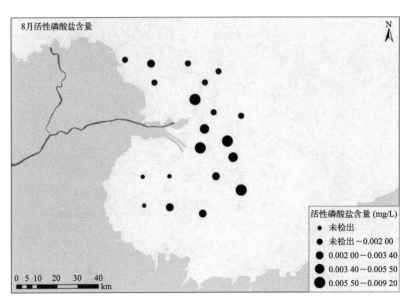

图 2-33　2023 年 8 月黄河口海域活性磷酸盐含量

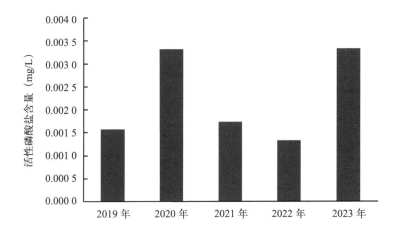

图 2-34　2019—2023 年 8 月同期黄河口海域活性磷酸盐含量

2.1.3.3　总氮

总氮指海水中的溶解无机氮、溶解有机氮、颗粒氮和胶体氮的总和。

2023 年 5 月，黄河口海域海水中总氮含量变化范围为 0.585 ~ 2.51 mg/L，平均值为 0.886 mg/L（图 2-35）。广利港附近海域存在一处总氮含量高值区，由高值中心向东北方向，总氮含量逐渐降低。2019—2023 年 5 月同期，黄河口海域海水中总氮的含量变化范围为 0.456 ~ 0.886 mg/L，平均值为 0.746 mg/L，自 2020 年 5 月起，总氮含量呈逐年升高的年际变化趋势（图 2-36）。

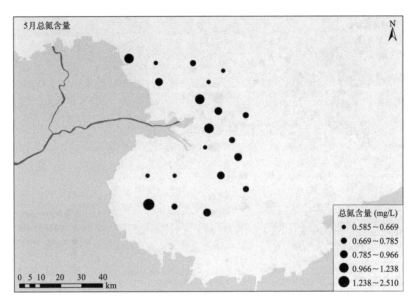

图 2-35 2023 年 5 月黄河口海域海水总氮含量

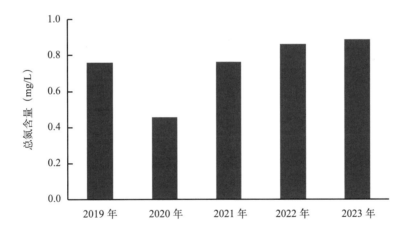

图 2-36 2019—2023 年 5 月同期黄河口海域海水总氮含量

2023 年 8 月，黄河口海域海水中总氮含量变化范围为 0.432 ~ 1.33 mg/L，平均值为 0.739 mg/L，较 5 月降低了 0.147 mg/L。空间分布上，海水中总氮含量的高值主要集中在黄河口东部海域及南部海域，其中最高值出现在黄河口门处，而黄河口北部海域总氮含量总体较低（图 2-37）。2019—2023 年 8 月同期，黄河口海域海水中总氮含量变化范围为 0.460 ~ 1.11 mg/L，平均值为 0.810 mg/L。年际变化上，自 2019 年 8 月以来，总氮含量呈波动变化趋势（图 2-38）。

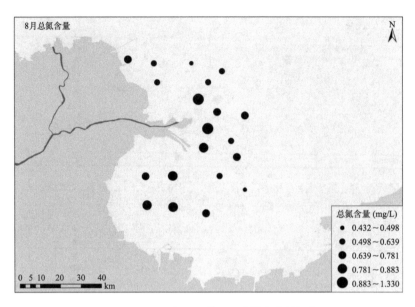

图 2-37　2023 年 8 月黄河口海域海水总氮含量

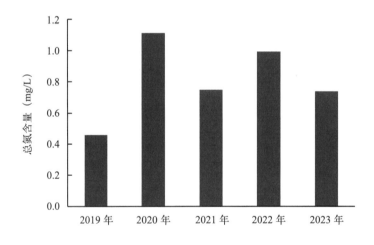

图 2-38　2019—2023 年 8 月同期黄河口海域海水总氮含量

2.1.3.4　总磷

总磷指海水中以化合物和离子形式存在的所有磷含量的总和，包括溶解无机磷（DIP）、溶解有机磷（DOP）、颗粒有机磷（POP）和胶体有机磷（COP）以及活性有机磷（LOP）等。

2023 年 5 月，黄河口海域海水中总磷含量变化范围为 0.014 9 ～ 0.464 mg/L，含量范围跨度较大，平均值为 0.057 0 mg/L，黄河口海域海水中总磷含量在空间分布上与总氮含量相似，河口东部海域及南部海域总磷含量相对较高，在广利港附近海域存在一处高值区，由高值中心向东北方向，总磷含量逐渐降低（图2-39）。2019—2023年5月同期，黄河口海域海水中总磷含量整体呈升高的年际变化趋势，变化范围为0.013 2～0.057 0 mg/L，平均值为0.028 7 mg/L，2023年5月，黄河口海域中总磷含量明显高于往年（图2-40）。

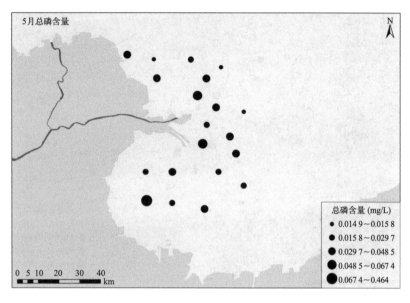

图2-39　2023年5月黄河口海域海水总磷含量

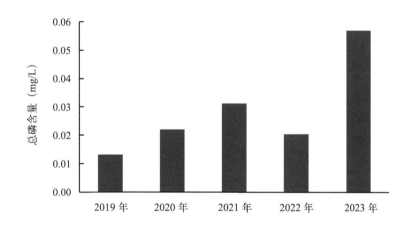

图2-40　2019—2023年5月同期黄河口海域海水总磷含量

2023年8月，黄河口海域海水中总磷含量变化范围为0.015 6～0.175 0 mg/L，平均值为0.037 9 mg/L，较5月有所降低。在空间分布上，黄河口门及黄河口门东南海域存在总磷含量的高值区域，总体上表现为自黄河入海口向外逐渐降低的分布趋势（图2-41）。2019—2023年8月同期，黄河口海域海水中总磷含量整体呈波动的变化趋势，变化范围为 0.019 8 ～ 0.067 6 mg/L，平均值为 0.042 2 mg/L，其中 2020 年较 2019 年 8 月同期，总磷含量出现大幅度升高，自 2020 年起，黄河口海域海水中总磷含量整体呈逐渐降低的变化趋势，2022 年总磷含量明显低于往年（图 2-42）。

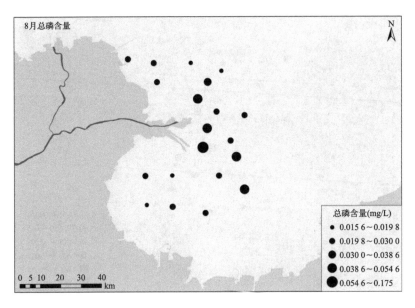

图 2-41　2023 年 8 月黄河口海域海水总磷含量

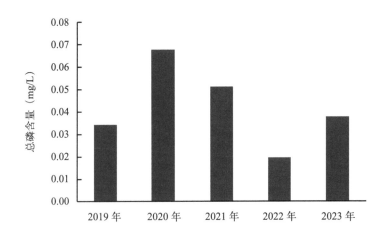

图 2-42　2019—2023 年 8 月同期黄河口海域海水总磷含量

2.1.4　其他指标

2.1.4.1　石油类

石油类包括多种有毒有害物质，可在环境中迁移或扩散，对生物和生态系统造成显见的或潜在的严重危害，被联合国环境规划署 (UNEP) 列为重点监控的化学污染物之一。石油是海洋的主要污染物之一，河流入海口和城市附近海域的石油类含量相对偏高。

2023 年 5 月，黄河口海域水质石油类含量变化范围为 0.009 70 ~ 0.043 0 mg/L，平均值为 0.022 2 mg/L。空间分布上，在黄河入海口近岸，水质石油类含量相对较高（图 2-43）。2019—2023 年 5 月同期，黄河口海域水质石油类含量变化范围为 0.005 51 ~ 0.035 8 mg/L，平均值为 0.020 9 mg/L，其中 2021 年 5 月水质石油类含量最低，2020 年 5 月含量最高，2023 年 5 月较去年同期水质石油类含量有所降低（图 2-44）。

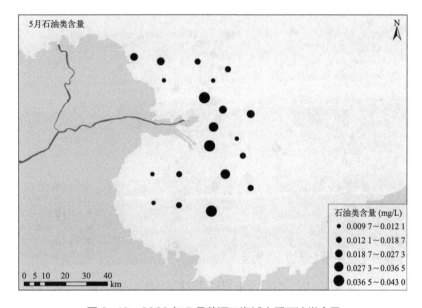

图 2-43　2023 年 5 月黄河口海域水质石油类含量

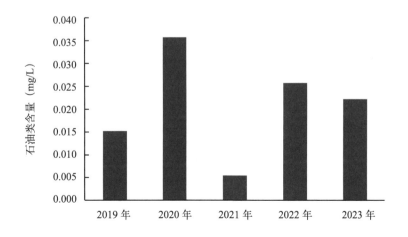

图 2-44　2019—2023 年 5 月同期黄河口海域水质石油类含量

2023 年 8 月，黄河口海域水质石油类含量变化范围为 0.010 8 ～ 0.042 6 mg/L，平均值为 0.022 5 mg/L。空间分布上，在广利港以东黄河口以北海域存在水质石油类的最高值，另外黄河入海口近岸，水质石油类含量相对较高，并呈现由黄河口向外逐渐降低的趋势（图 2-45）。2019—2023 年 8 月同期，黄河口海域水质石油类含量变化范围为 0.012 7 ～ 0.032 7 mg/L，平均值为 0.022 5 mg/L，其中 2019 年 8 月至 2021 年 8 月调查海域水质石油类含量逐年降低，自 2022 年 8 月起，水质石油类含量明显升高（图 2-46）。

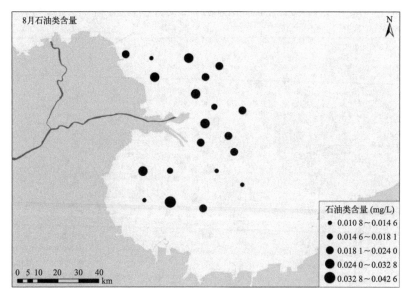

图 2-45　2023 年 8 月黄河口海域水质石油类含量

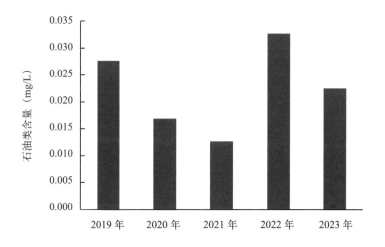

图 2-46　2019—2023 年 8 月同期黄河口海域水质石油类含量

2.1.4.2　叶绿素 a

叶绿素 a 是一种包含在浮游植物的多种色素中的重要色素，是估算初级生产力和生物量的指标。

2023 年 5 月，黄河口海域海水中叶绿素 a 含量变化范围为 0.682 ~ 4.75 µg/L，平均值为 2.21 µg/L（图 2-47）。近 5 年来，调查海域 5 月同期叶绿素 a 含量变化范围为 1.18 ~ 3.09 µg/L，平均值为 2.35 µg/L（图 2-48）。

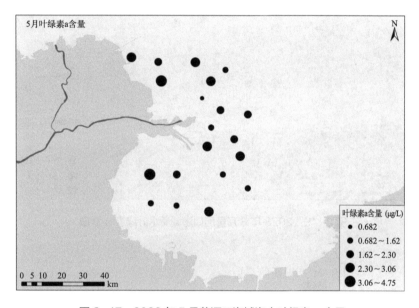

图 2-47　2023 年 5 月黄河口海域海水叶绿素 a 含量

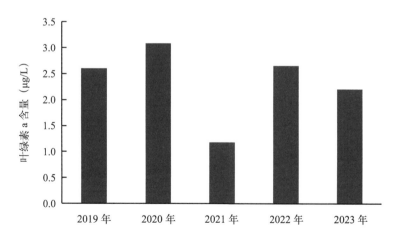

图 2-48　2019—2023 年 5 月同期黄河口海域海水叶绿素 a 含量

2023 年 8 月，黄河口海域海水中叶绿素 a 含量变化范围为 1.07 ~ 5.90 µg/L，平均值为 2.36 μg/L，较 5 月有所升高（图 2-49）。近 5 年来，调查海域 8 月同期叶绿素 a 含量变化范围为 2.36 ~ 6.33 μg/L，平均值为 4.01 μg/L，自 2020 年 8 月起，叶绿素 a 含量较 2019 年同期出现较大幅度下降（图 2-50）。

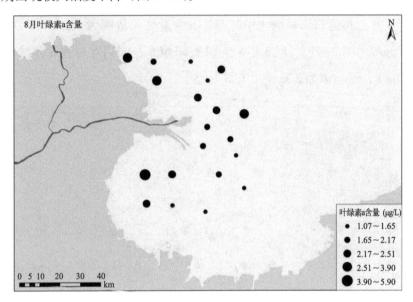

图 2-49　2023 年 8 月黄河口海域海水叶绿素 a 含量

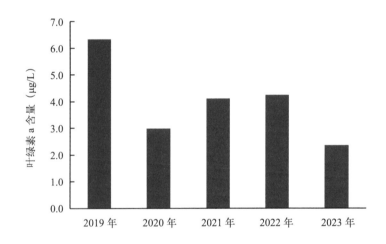

图 2-50　2019—2023 年 8 月同期黄河口海域海水叶绿素 a 含量

2.1.5　水质等级评价

2.1.5.1　单因子等级评价

　　单因子评价结果显示，2023 年 5 月，黄河口海域 20 个监测站位海水 pH、溶解氧、活性磷酸盐、化学需氧量及石油类符合优良水质（符合二类海水质量标准）的站位比例均为100%，而无机氮含量符合优良水质的站位比例仅为15%，无机氮是黄河口海域主要的超标物质（表2-6）。

表2-6　2023年5月黄河口海域水质指标站位达标情况

水质指标	优良站位数	优良站次比
pH	20	100%
溶解氧	20	100%
化学需氧量	20	100%
无机氮	3	15%
活性磷酸盐	20	100%
石油类	20	100%

2023年8月，黄河口海域20个监测站位海水活性磷酸盐、化学需氧量及石油类含量符合优良水质的站位比例均为100%，而pH、溶解氧、无机氮含量符合优良水质的站位比例分别为95%、85%、70%，无机氮仍为主要超标物质（表2-7）。

表2-7　2023年8月黄河口海域水质指标站位达标情况

水质指标	优良站位数	优良站次比
pH	19	95%
溶解氧	17	85%
化学需氧量	20	100%
无机氮	14	70%
活性磷酸盐	20	100%
石油类	20	100%

2.1.5.2　富营养化等级评价

海水富营养化采用富营养化指数（E）法，其计算公式为

$$E = \frac{\text{化学需氧量}(\text{mg/L}) \times \text{无机氮}(\text{mg/L}) \times \text{无机磷}(\text{mg/L})}{4\,500} \times 10^6$$

当 $E \geqslant 1$ 即为富营养化。

富营养化评价结果显示，2023 年 5 月，黄河口海域 20 个监测站位中富营养化站位比例为 10%，富营养化区域主要集中在黄河口门处近岸海域（图 2-51）。2023 年 8 月，黄河口海域 20 个监测站位达到富营养化的站位比例为 15%，较 5 月有所升高，富营养化区域主要集中在黄河口门及以东近岸海域（图 2-52）。

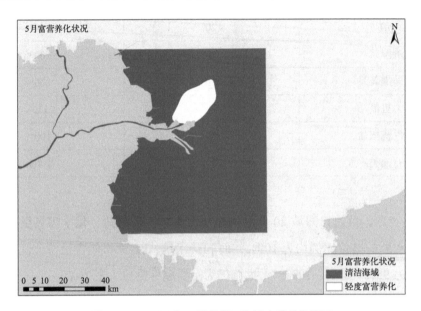

图 2-51　2023 年 5 月黄河口海域富营养化状况

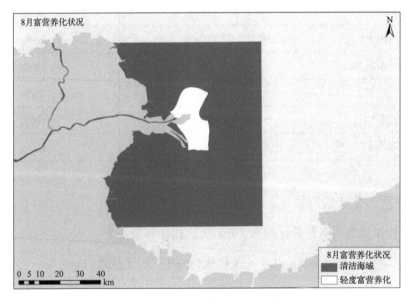

图 2-52　2023 年 8 月黄河口海域富营养化状况

2.1.5.3　综合质量等级评价

选择海水 pH、溶解氧、无机氮、活性磷酸盐、化学需氧量、石油类等《海水水质标准》（GB 3097—1997）中所列指标，对各单要素质量等级进行叠加比较，依据所有单要素中质量最差的等级，确定综合质量等级。

综合评价结果显示，受无机氮含量影响，2023 年 5 月，黄河口海域 20 个监测站位只有 3 个站位综合质量等级符合优良水质标准，站位达标率为 15%。2019—2023 年 5 月同期，黄河口海域优良水质站位比例为 10.5% ~ 50.0%，平均值为 31.6%，其中 2019 年 5 月优良水质站位占比最低，2021 年占比最高（图 2-53）。总体而言，受黄河径流输入等因素影响，黄河口海域水质优良比例较低，主要污染因子为无机氮。2023 年 8 月的综合评价结果显示，主要受无机氮含量影响，黄河口海域 20 个监测站位有 13 个站位综合质量等级符合优良水质标准，站位达标率为 65%，较 5 月有较大幅度的提升。2019—2023 年 8 月同期，黄河口海域优良水质站位比例为 21.1% ~ 68.4%，平均值为 51.9%，8 月水质整体上优于 5 月水质，近年来该海域主要超标物质均为无机氮（图 2-54）。

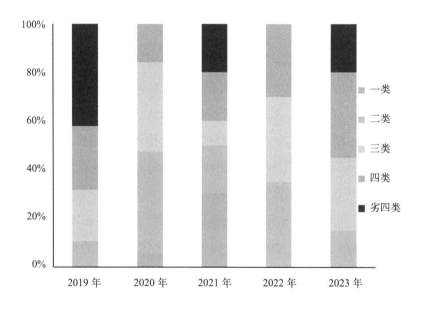

图 2-53　2019—2023 年 5 月同期黄河口海域水质类别

2

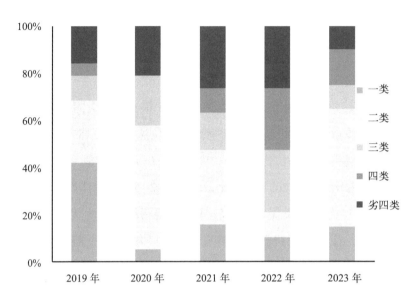

图 2-54 2019—2023 年 8 月同期黄河口海域水质类别

2.1.6 小结

海洋水体环境作为影响海洋生物生长繁殖的主要因素之一，其与海洋生物多样性之间的关系是复杂而密切的，它们之间相互作用、相互影响。本节内容对黄河口海域的水文指标（水深、水温、透明度、水色）、常规指标（pH、盐度、溶解氧、化学需氧量）、营养盐指标（无机氮、活性磷酸盐、总氮、总磷）及其他水环境指标（石油类、叶绿素 a）进行了研究，分析了水环境现状及年际变化情况，同时对水环境质量进行了单因子等级评价、富营养化等级评价及综合质量等级评价。

2019 年以来，黄河口海域 8 月水质整体优于 5 月，近年来该海域主要超标物质均为无机氮。从空间分布上来看，2023 年 5 月及 8 月无机氮含量的高值区均主要位于黄河入海口近岸海域，尤其是入海口北部近岸海域，无机氮含量最高，而该处海域盐度最低，说明黄河口海域无机氮含量受黄河径流输入的影响显著，5 月和 8 月无机氮与盐度的显著负相关性（相关系数分别达到 −0.882 和 −0.890）也证明了这一点。从时间上来看，2023 年 5 月无机氮含量高于 8 月，虽然 8 月黄河径流营养盐输入较高（已引起河口附近海域出现轻度富营养化），但由于夏季受水温及光照等因素影响，浮游植物生长旺盛，会大量消耗无机氮，导致整个调查海域内无机氮含量较 5 月下降明显。这也是近年来调查海域 8 月水质整体优于 5 月的重要原因。

2.2　沉积物环境调查与评价

浅海沉积物环境是海洋生物最密集的区域之一。沉积物中有机物的分解可以提供营养物质给海洋生物，促进其生长和繁殖，有机物的分解也影响底栖生态系统中微生物的群落结构和功能，进而影响底栖动物的多样性和群落结构。沉积物的粒度和组成可以影响底栖生态系统的物理特征，进而影响底栖动物的栖息和生存。沉积物的氧化还原状态可以影响沉积物中营养物质的释放和利用，以及影响沉积物中硫化氢的生成。这些因素可以影响底栖生态系统乃至整个海洋生态系统的营养结构和生物多样性。本节对黄河口海域沉积物中的常规指标、营养盐指标、重金属等指标展开分析，并对黄河口海域的沉积物环境进行了质量评价。

2.2.1　常规指标

2.2.1.1　pH

调查结果显示（表 2-8），2023 年 5 月，黄河口海域沉积物的 pH 值范围为 8.36 ～ 8.74，平均值为 8.55。在空间分布上，5 月沉积物 pH 的高值区主要分布在河口近岸和黄河口北部海域，黄河口南部海域沉积物的 pH 值相对较低（图 2-55）。

2023 年 8 月，黄河口海域沉积物的 pH 值变化范围为 8.29 ～ 8.67，平均值为 8.50。较 5 月 pH 值略有降低。8 月沉积物 pH 的高值区分布比较分散，黄河口北侧、潍坊港北部及广利港东部海域沉积物 pH 值普遍较低（图 2-56）。

表 2-8　2023 年 5 月和 8 月黄河口海域沉积物 pH 值

沉积物 pH 值	5 月	8 月
最小值	8.36	8.29
最大值	8.74	8.67
平均值	8.55	8.50

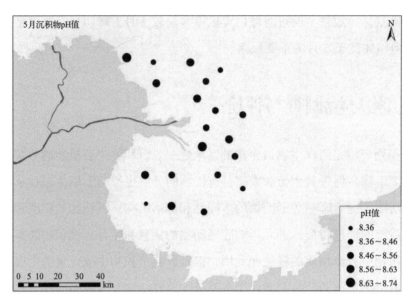

图 2-55　2023 年 5 月黄河口海域沉积物 pH 值

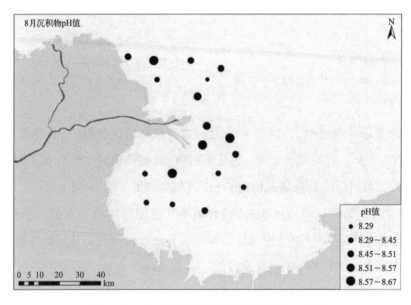

图 2-56　2023 年 8 月黄河口海域沉积物 pH 值

2.2.1.2　容重

　　海洋沉积物容重会影响海洋生物的栖息环境，当沉积物容重较大时，意味着沉积物的密度增加，导致底栖生物栖息的沉积物孔隙度减小，这使得底栖生物的栖息环境变得更为拥挤和不适宜，导致底栖生物的栖息和繁殖受到限制。

　　调查结果显示（表 2-9），2023 年 5 月，黄河口海域沉积物的容重变化范围为 1.41 ～

3.18 g/cm³，平均值为 2.37 g/cm³。黄河口海域沉积物的容重空间分布表现为黄河口近岸及河口南部海域容重相对较高，而容重低值区主要分布在黄河口北部海域（图 2-57）。

2023 年 8 月，黄河口海域沉积物的容重变化范围为 1.39 ～ 2.94 g/cm³，平均值为 2.46 g/cm³，较 5 月略有升高。空间分布上，8 月沉积物容重高值主要分布在黄河口东南以及南北侧海域，另外在调查区域的最北端也存在沉积物容重的高值区，容重的低值主要分布在黄河口东北部海域（图 2-58）。

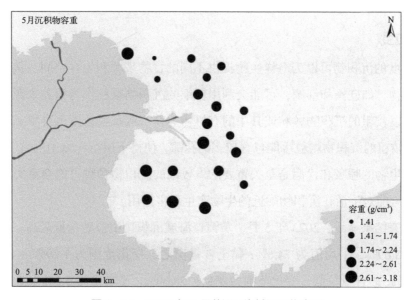

图 2-57　2023 年 5 月黄河口海域沉积物容重

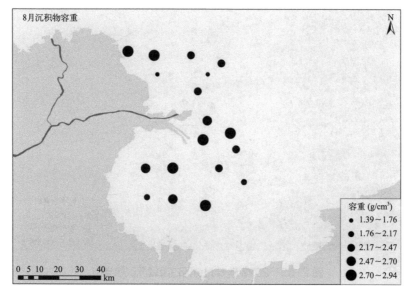

图 2-58　2023 年 8 月黄河口海域沉积物容重

表 2-9　2023 年 5 月和 8 月黄河口海域沉积物容重

沉积物容重	5 月	8 月
最小值	1.41 g/cm^3	1.39 g/cm^3
最大值	3.18 g/cm^3	2.94 g/cm^3
平均值	2.37 g/cm^3	2.46 g/cm^3

2.2.1.3　粒度

不同粒度的沉积物可以为海洋生物提供不同的食物来源和生存空间。例如，一些微小的底栖生物，如硅藻和细菌，可能会利用较细的沉积物颗粒作为营养来源，而较大的生物则可能以较粗的沉积物颗粒或其中的有机物为食。沉积物粒度也会影响底栖生物的生存条件，较粗的沉积物颗粒可能包含较多的孔隙，使得下层沉积物中的氧气含量较高，这对于底栖生物的呼吸和代谢是至关重要的。较细的沉积物颗粒可能会富集有毒物质或重金属，这可能对生活在沉积物附近的生物产生毒害作用。

本次调查结果显示，2023 年 5 月，黄河口海域沉积物中粉砂含量最高，变化范围为 39.76% ~ 93.69%，平均值为 74.6%；黏土含量次之，变化范围为 1.29% ~ 35.45%，平均值为 19.9%；砂含量较低，变化范围为 0% ~ 58.60%，平均值为 5.5%（图 2-59）。

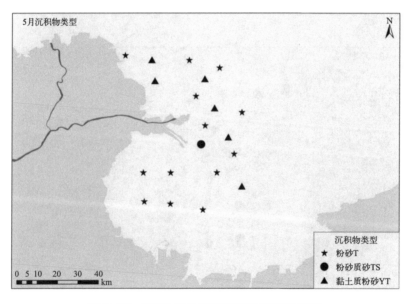

图 2-59　2023 年 5 月黄河口海域沉积物类型

　　2023 年 8 月，黄河口海域沉积物中粉砂含量最高，变化范围为 46.87% ~ 88.52%，平均值为 76.7%；黏土含量次之，变化范围为 0.78% ~ 38.63%，平均值为 17.3%；砂含量较低，变化范围为 0% ~ 52.19%，平均值为 6.0%。自 2019 年以来，黄河口海域 8 月同期沉积物中粉砂含量变化范围为 66.84% ~ 77.93%，平均值为 73.1%；黏土含量变化范围为 5.93% ~ 19.18%，平均值为 11.1%；砂含量变化范围为 6.01% ~ 23.92%，平均值为 15.8%（图 2-60）。近 5 年来，黄河口海域沉积物砂含量降低，黏土含量明显升高（图 2-61）。

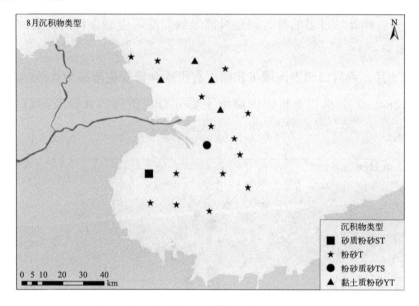

图 2-60　2023 年 8 月黄河口海域沉积物类型

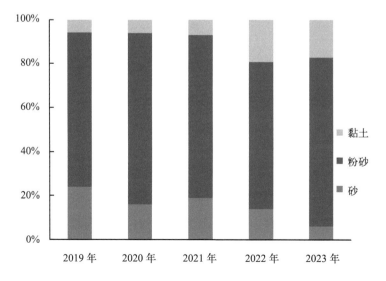

图 2-61　2019—2023 年 8 月同期黄河口海域沉积物类型

2.2.1.4　有机碳

有机碳是海洋生物的食物来源之一，许多海洋生物，特别是底栖生物，依靠沉积物中的有机碳作为能源，这些有机碳来源为微生物、小型动物以及一些鱼类等提供营养支持。沉积物中的有机碳还参与了全球碳循环，当有机碳被海洋生物吸收后，会在生物体内进行一系列的分解和转化，最终释放出二氧化碳，这一过程对于调节全球气候和海洋的酸碱平衡具有重要意义。然而，过量的有机碳也会对海洋生物产生负面影响，当沉积物中的有机碳含量过高时，可能会引起水质恶化、缺氧等问题，对海洋生物的生存造成威胁。此外，过多的有机碳还可能导致赤潮等生态事件的发生，对海洋生态系统造成破坏。

2023年5月，黄河口调查海域沉积物中有机碳含量变化范围为0.099%～0.492%，平均值为0.284%。沉积物有机碳的高值主要分布在黄河口北侧及河口东南附近海域（图2-62）。

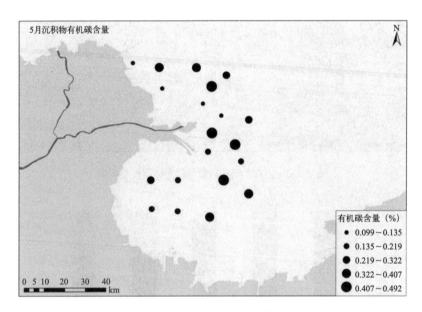

图2-62　2023年5月黄河口海域沉积物有机碳含量

2023年8月，黄河口调查海域沉积物中有机碳含量变化范围为0.154%～1.070%，平均值为0.492%，较5月有较大幅度的升高。在空间分布上，8月沉积物有机碳在黄河口南北两侧及广利港东侧海域存在高值区域，黄河口门近岸海域沉积物有机碳含量相对降低（图2-63）。

自 2019 年以来，黄河口海域沉积物中有机碳含量变化范围为 0.295% ~ 0.492%，平均值为 0.349%，除 2022 年外年际变化上呈现逐渐升高的趋势（图 2-64）。

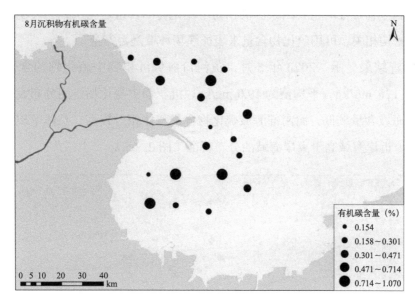

图 2-63　2023 年 8 月黄河口海域沉积物有机碳含量

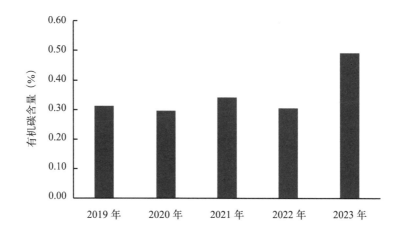

图 2-64　2019—2023 年 8 月同期黄河口海域沉积物有机碳含量

2.2.1.5　硫化物

硫是海洋环境中重要的生源要素，也是生物体的基本组成元素之一。硫化物是硫在沉积物中的重要存在形式，其气味恶臭，并且具有较强的生物毒性，含量高低对评价海洋沉积物环境质量状况具有重要的指示作用。由于硫化物可以与多数过渡金属二价离子反应生成活性弱、溶解性差的化合物，因而也是控制海洋中重金属生物地球化学循环过程以及重金属生物毒性的重要因素。沉积物中硫化物的含量还与沉积物环境的有机负荷和耗氧速率密切相关，可用硫化物含量来表征渔场环境是否安全。

本次调查结果显示，2023 年 5 月，黄河口海域沉积物中硫化物的含量变化范围为未检出 ～ 126 mg/kg，平均值为 19.0 mg/kg。沉积物中硫化物空间分布表现为黄河口东侧及北侧海域含量较低，而南部海域硫化物含量整体相对较高，总体呈现河口南侧高于河口北侧、近岸海域高于离岸海域的分布特征（图 2-65）。

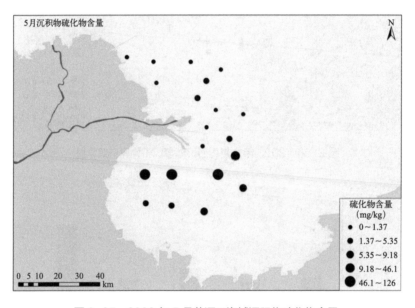

图 2-65　2023 年 5 月黄河口海域沉积物硫化物含量

2023 年 8 月黄河口海域沉积物中硫化物含量变化范围为 7.29 ～ 168 mg/kg，平均值为 42.5 mg/kg，相较于 5 月出现较大幅度的升高。在空间分布上，8 月黄河口海域沉积物中硫化物的含量与 5 月的调查结果相近，整体呈现河口南侧高于河口北侧的分布特征，但 8 月河口北侧沉积物硫化物的含量较 5 月有所升高（图 2-66）。自 2019 年以来，黄河口海域 8 月同期沉积物中硫化物含量变化范围为 16.6 ～ 42.5 mg/kg，平均值为 27.4 mg/kg，2023 年含量最高而 2019 年含量最低，除 2021 年外，整体呈逐年升高的趋势（图 2-67）。

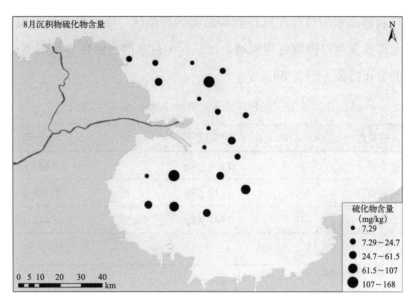

图 2-66　2023 年 8 月黄河口海域沉积物硫化物含量

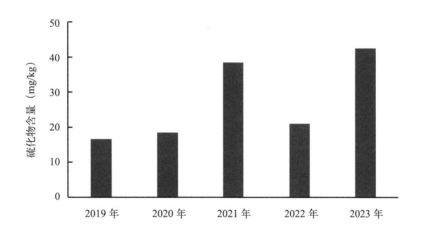

图 2-67　2019—2023 年 8 月同期黄河口海域沉积物硫化物含量

2.2.2　营养盐指标

2.2.2.1　总氮

调查结果显示（表 2-10），2023 年 5 月，黄河口海域沉积物中总氮含量变化范围为 0.176 ~ 0.619 g/kg，平均值为 0.441 g/kg。在空间分布上，在黄河入海口门东部、东南、东北部海域及广利港以东海域存在沉积物中总氮的高值区，而总氮含量低值区主要分布在调查海域北部及黄河口南部近岸海域，沉积物中总氮的含量整体呈现出近岸含量低、离岸含量高的分布特征（图 2-68）。

表 2-10　2023 年 5 月和 8 月黄河口海域沉积物总氮含量

沉积物总氮含量	5月	8月
最小值	0.176 g/kg	0.247 g/kg
最大值	0.619 g/kg	0.728 g/kg
平均值	0.441 g/kg	0.449 g/kg

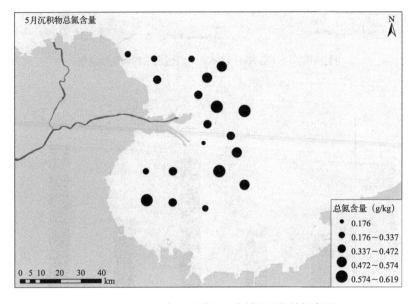

图 2-68　2023 年 5 月黄河口海域沉积物总氮含量

　　2023 年 8 月，黄河口海域沉积物中总氮含量变化范围为 0.247 ~ 0.728 g/kg，平均值为 0.449 g/kg，与 5 月总氮的含量水平相差不大。在空间分布上，8 月沉积物中总氮的高值区主要分布在黄河口北侧及东北部海域，而黄河口南部海域沉积物中总氮含量相对较低，总体来看，近岸沉积物中总氮的含量同样低于远岸（图 2-69）。

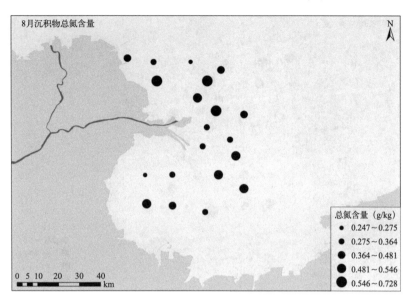

图 2-69　2023 年 8 月黄河口海域沉积物总氮含量

2.2.2.2　总磷

调查结果显示（表 2-11），2023 年 5 月，黄河口海域沉积物中总磷含量变化范围为 0.500 ～ 0.750 g/kg，平均值为 0.644 g/kg。空间分布上在黄河口东部及黄河口北部部分海域存在沉积物总磷高值区域，另外在广利港以东及潍坊港以北也能观察到沉积物总磷的相对高值，黄河口南部海域及近岸部分海域沉积物总磷含量相对较低（图 2-70）。

2023 年 8 月，黄河口海域沉积物中总磷含量变化范围为 0.570 ～ 0.740 g/kg，平均值为 0.639 g/kg，与 5 月的含量相差不大。空间分布上在黄河口东北部海域以及黄河口东南部海域存在沉积物总磷含量高值区域，另外在广利港附近海域也存在沉积物总磷含量的相对高值区，低值区则主要分布在黄河口东南近岸及黄河口南侧海域（图 2-71）。

表 2-11　2023 年 5 月和 8 月黄河口海域沉积物总磷含量

沉积物总磷含量	5 月	8 月
最小值	0.500 g/kg	0.570 g/kg
最大值	0.750 g/kg	0.740 g/kg
平均值	0.644 g/kg	0.639 g/kg

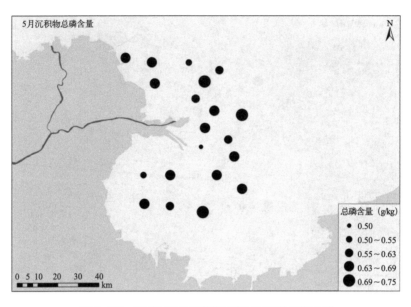

图2-70　2023年5月黄河口海域沉积物总磷含量

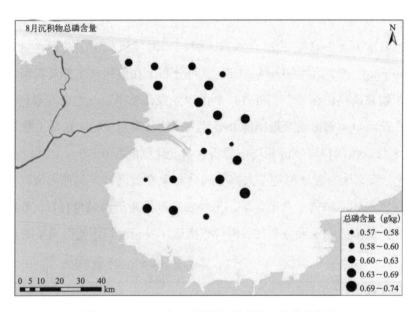

图2-71　2023年8月黄河口海域沉积物总磷含量

2.2.3　重金属指标

海洋沉积物中的重金属对海洋生物具有直接的毒性影响，这些重金属会对海洋生物的生长、繁殖和免疫功能等方面造成不同程度的危害。当这些重金属进入海洋生物体内时，会干扰酶系统的正常功能，导致生物体代谢紊乱，免疫力下降，甚至引发基因突变，由此导致海洋生物的生长受限、繁殖能力下降,增加对疾病的易感性。也有历史资料表明，在一些受重金属严重污染的区域，已经观察到了大量海洋生物的死亡和物种减少的现象。此外，重金属的蓄积性也是一个重要的问题，当重金属进入海洋沉积物后，它们会在其中长期存在，并逐渐从沉积物中释放出来，形成污染源。这会导致沉积物中重金属的含量不断升高，进一步加剧对海洋生物和生态系统的风险。本节对黄河口海域沉积物中的铜、铅、锌、铬、镉、汞及类金属砷调查结果展开分析。

2.2.3.1 铜

调查结果显示，2023 年 5 月，黄河口海域沉积物中铜含量变化范围为 8.01 ～ 25.0 mg/kg，平均值为 17.3 mg/kg。在空间分布上，在黄河口门近岸及东南部离岸海域沉积物中存在铜含量高值区域，另外在广利港以东海域及潍坊港以北海域也能观察到沉积物中铜的相对高值（图 2-72）。

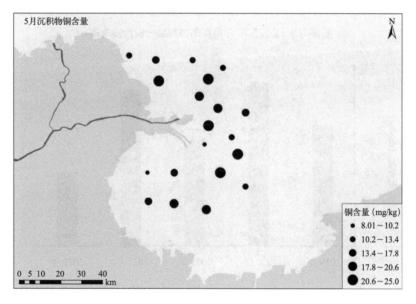

图 2-72　2023 年 5 月黄河口海域沉积物铜含量

2023 年 8 月，黄河口海域沉积物中铜含量变化范围为 3.86 ～ 24.7 mg/kg，平均值为 10.3 mg/kg，较 5 月平均值含量出现较大幅度的降低。沉积物中铜的空间分布表现为高值区域主要集中在黄河口近岸和东北部海域，黄河口南部海域沉积物中铜的含量相对较低（图 2-73）。自 2019 年以来，黄河口海域 8 月同期沉积物中铜含量变化范围为

10.3 ~ 22.7 mg/kg，平均值为 17.2 mg/kg，年际变化不明显，但总体呈现出略有降低的趋势（图 2-74）。

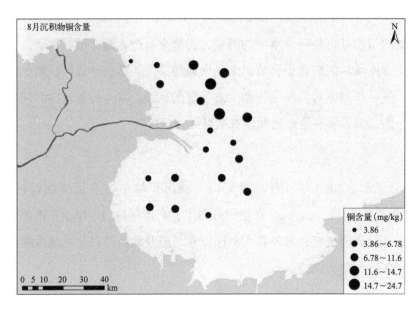

图 2-73　2023 年 8 月黄河口海域沉积物铜含量

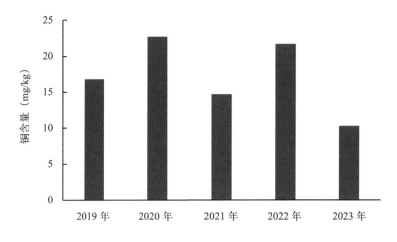

图 2-74　2019—2023 年 8 月同期黄河口海域沉积物铜含量

2.2.3.2　铅

2023 年 5 月，黄河口海域沉积物中铅的含量变化范围为 13.7 ~ 24.3 mg/kg，平均值为 18.8 mg/kg。在空间分布上，沉积物中铅的高值区主要分布在黄河口门北侧、东南部海域以及广利港以东和潍坊港以北海域，总体来看近岸海域沉积物中铜的含量低于离岸（图 2-75）。

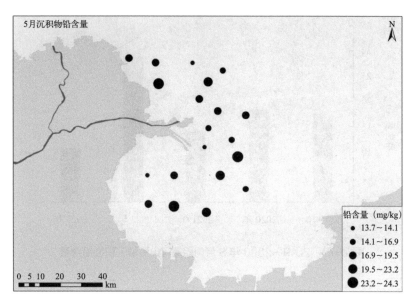

图 2-75　2023 年 5 月黄河口海域沉积物铅含量

2023 年 8 月，黄河口海域沉积物中铅含量变化范围为 3.63 ~ 24.6 mg/kg，平均值为 10.7 mg/kg，较 5 月平均含量出现较大幅度的降低。在空间分布上，黄河口门以东以及东北部沉积物中铅的含量较高，而黄河口南部海域沉积物中铅的含量相对较低，总体来看近岸海域沉积物中铅的含量要低于离岸海域（图 2-76）。近 5 年来，黄河口海域 8 月同期沉积物中铅含量变化范围为 10.7 ~ 29.0 mg/kg，平均值为 18.0 mg/kg。除2022 年外，沉积物中铅的含量呈现逐年降低的趋势（图 2-77）。

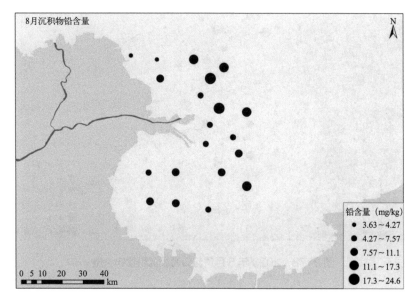

图 2-76　2023 年 8 月黄河口海域沉积物铅含量

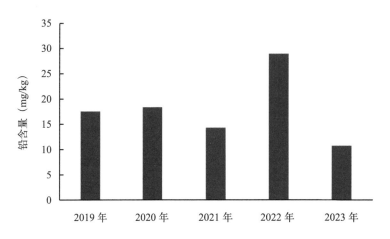

图2-77 2019—2023年8月同期黄河口海域沉积物铅含量

2.2.3.3 锌

2023年5月，黄河口海域沉积物中锌含量变化范围为27.0 ~ 66.0 mg/kg，平均值为47.8 mg/kg。与2023年5月沉积物中铅的空间分布相似，沉积物中锌含量高值区主要分布在黄河口北侧、东南部及广利港以东及潍坊港以北海域。总体来看，近岸海域沉积物中锌的含量要高于离岸海域沉积物中锌的含量，该分布特征在黄河口南部海域表现尤为明显（图2-78）。

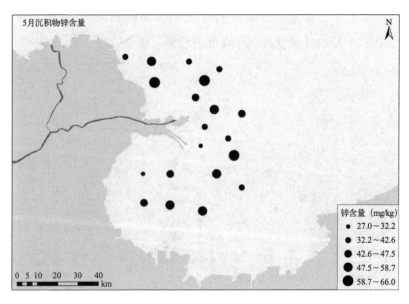

图2-78 2023年5月黄河口海域沉积物锌含量

2023 年 8 月，黄河口海域沉积物中锌含量变化范围为 9.64 ～ 61.4 mg/kg，平均值为 27.4 mg/kg，较 5 月同样出现了较大幅度的降低。在空间分布上，黄河口门以东以及东北部沉积物中锌的含量较高，黄河口近岸及黄河口南部海域沉积物中铅的含量相对较低（图 2-79）。近 5 年来，调查海域 8 月同期沉积物中锌含量变化范围为 27.4 ～ 66.3 mg/kg，平均值为 50.5 mg/kg。除 2022 年外，沉积物中锌的含量呈现逐年降低的趋势（图 2-80）。

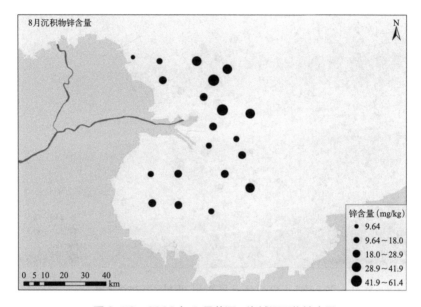

图 2-79　2023 年 8 月黄河口海域沉积物锌含量

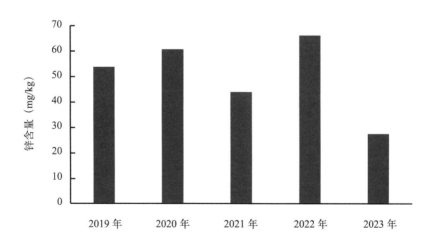

图 2-80　2019—2023 年 8 月同期黄河口海域沉积物锌含量

2.2.3.4 铬

2023 年 5 月，黄河口海域沉积物中铬含量变化范围为 21.7 ~ 42.3 mg/kg，平均值为 32.1 mg/kg。在空间分布上，黄河口海域沉积物中铬的含量高值区主要分布在黄河口以东、北部以及东南部海域，而黄河口北侧近岸及南部海域沉积物中铬含量相对较低。总体看来，同样也是近岸含量大于离岸含量（图 2-81）。

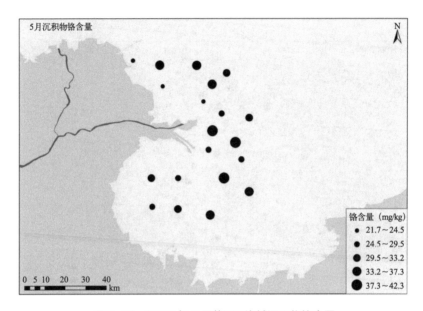

图 2-81 2023 年 5 月黄河口海域沉积物铬含量

2023 年 8 月，黄河口海域沉积物中铬含量变化范围为 11.1 ~ 37.1 mg/kg，平均值为 21.6 mg/kg，较 5 月同样出现了较大幅度的下降。在空间分布上与 5 月相似，黄河口海域沉积物中铬含量的高值区主要分布在黄河口以东、北部以及东南部海域，而黄河口北侧近岸及南部海域沉积物中铬含量相对较低（图 2-82）。自 2019 年以来，黄河口海域 8 月同期沉积物中铬含量变化范围为 21.6 ~ 58.1 mg/kg，平均值为 46.6 mg/kg，2019 年铬含量最高，2023 年铬含量最低，年际变化表现为先降低再升高再逐渐降低的趋势（图 2-83）。

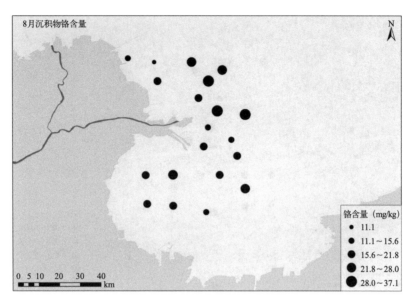

图2-82　2023年8月黄河口海域沉积物铬含量

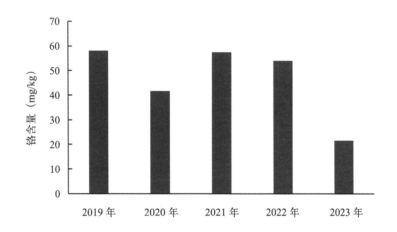

图2-83　2019—2023年8月同期黄河口海域沉积物铬含量

2.2.3.5　镉

2023年5月，黄河口海域沉积物中镉含量变化范围为0.082 ~ 0.216 mg/kg，平均值为0.151 mg/kg。在空间分布上，黄河口海域沉积物中镉含量的高值区主要分布在黄河口北部和东部海域，黄河口南部海域沉积物中镉的含量也相对较高，低值区则主要分布在黄河口东部及北部近岸（图2-84）。

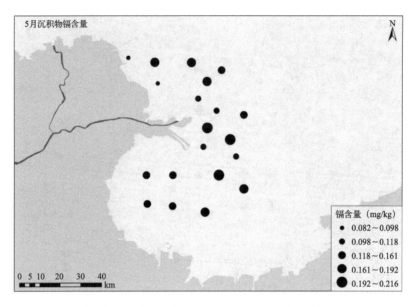

图 2-84　2023 年 5 月黄河口海域沉积物镉含量

2023 年 8 月，黄河口海域沉积物中镉含量变化范围为未检出 ~ 0.175 0 mg/kg，平均值为 0.056 7 mg/kg，较 2023 年 5 月同样出现较大幅度的降低（图 2-85）。自 2019 年以来，黄河口海域 8 月同期沉积物中镉含量变化范围为 0.056 7 ~ 0.027 5 mg/kg，平均值为 0.148 mg/kg。除 2020 年沉积物中镉显著升高外，其年际变化不明显，具体为 2020 年含量最高，而 2023 年含量最低（图 2-86）。

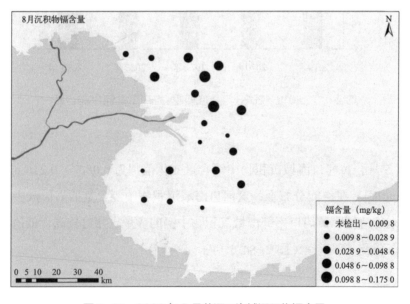

图 2-85　2023 年 8 月黄河口海域沉积物镉含量

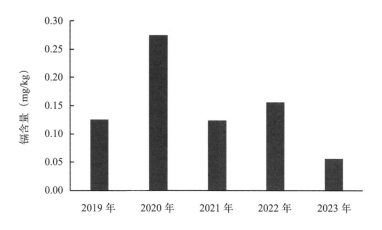

图 2-86　2019—2023 年 8 月同期黄河口海域沉积物镉含量

2.2.3.6　砷

2023 年 5 月，黄河口海域沉积物中砷含量变化范围为 6.67 ～ 11.1 mg/kg，平均值为 8.90 mg/kg。在黄河口北部及广利港以东和潍坊港以北海域沉积物中砷的含量相对较高，黄河口近岸海域含量相对较低（图 2-87）。

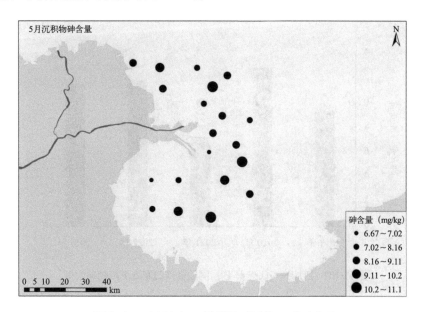

图 2-87　2023 年 5 月黄河口海域沉积物砷含量

2023 年 8 月，黄河口海域沉积物中砷含量变化范围为 2.62 ～ 19.4mg/kg，平均值为 11.4 mg/kg，较 2023 年 8 月平均含量有所升高。在空间分布上，黄河口东部、东北部及东南部海域存在沉积物中砷的高值区，黄河口近岸及南北两侧海域含量相对较低

（图 2-88）。近 5 年来，调查海域 8 月同期沉积物中砷含量变化范围为 7.21 ~ 12.8 mg/kg，平均值为 10.5 mg/kg，其年际变化趋势不明显（图 2-89）。

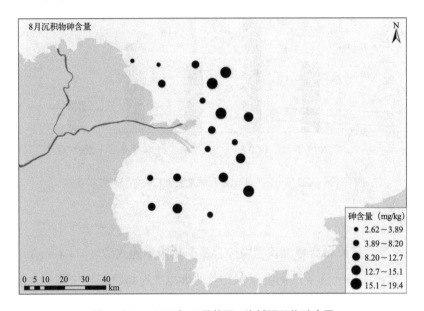

图 2-88　2023 年 8 月黄河口海域沉积物砷含量

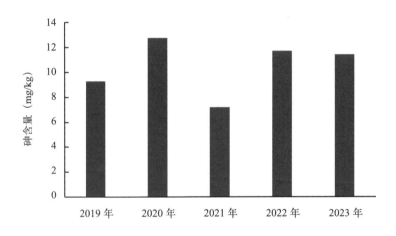

图 2-89　2019—2023 年 8 月同期黄河口海域沉积物砷含量

2.2.3.7　总汞

2023 年 5 月，黄河口海域沉积物中总汞含量变化范围为 0.005 4 ~ 0.039 8 mg/kg，平均值为 0.020 8 mg/kg。在空间分布上，黄河口东部近岸海域存在两个沉积物中总汞含量的相对低值区域，而黄河口东部离岸海域、东南部海域及广利港北部海域沉积物中总汞的含量相对较高（图 2-90）。

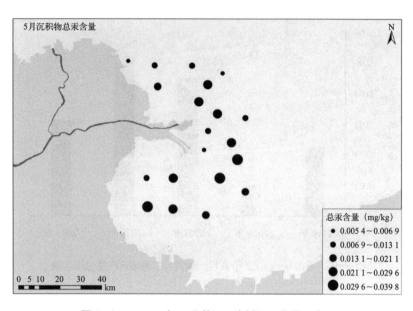

图 2-90　2023 年 5 月黄河口海域沉积物总汞含量

2023 年 8 月，黄河口海域沉积物中总汞含量变化范围为 0.008 4 ~ 0.059 2 mg/kg，平均值为 0.031 3 mg/kg，较 2023 年 5 月平均含量有所升高。在空间分布上，黄河口北侧近岸的总汞含量相对较低，黄河口东侧海域、北部离岸海域以及南部海域汞的含量相对较高（图 2-91）。近 5 年来，黄河口海域 8 月同期沉积物中总汞含量变化范围为 0.009 8 ~ 0.052 1 mg/kg，平均值为 0.032 2 mg/kg。年际变化上，整体呈现先升高再降低的趋势（图 2-92）。

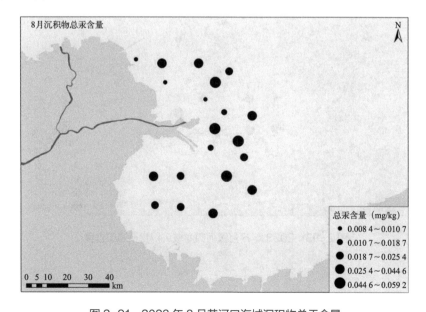

图 2-91　2023 年 8 月黄河口海域沉积物总汞含量

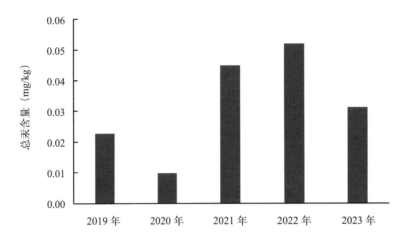

图 2-92　2019—2023 年 8 月同期黄河口海域沉积物总汞含量

2.2.4　有机污染物指标

2023 年 5 月，黄河口海域沉积物中石油类含量变化范围为 47.7 ～ 136 mg/kg，平均值为 88.1 mg/kg。在空间变化上，黄河口海域沉积物中石油类的高值主要集中在黄河口北侧和南部离岸海域，而黄河口以东海域含量较低（图 2-93）。

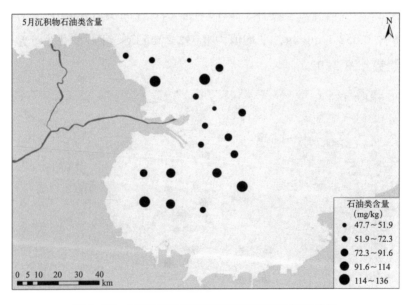

图 2-93　2023 年 5 月黄河口海域沉积物石油类含量

2023 年 8 月，黄河口海域沉积物中石油类含量变化范围为 47.3 ~ 152 mg/kg，平均值为 83.2 mg/kg，较 2023 年 5 月平均含量略有降低。在空间变化上，与 5 月的分布情况相似，黄河口海域沉积物石油类的高值区主要集中在黄河口北侧和南部海域，而黄河口以东含量较低（图 2-94）。近 5 年来，黄河口海域 8 月同期沉积物石油类含量变化范围为 20.2 ~ 90.0 mg/kg，平均值为 60.1 mg/kg。沉积物石油类含量的年际变化规律不明显（图 2-95）。

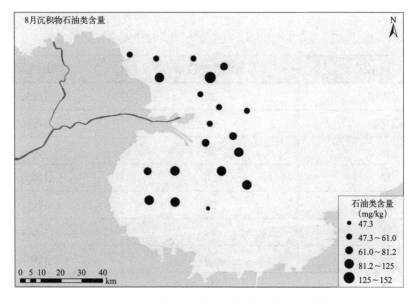

图 2-94　2023 年 8 月黄河口海域沉积物石油类含量

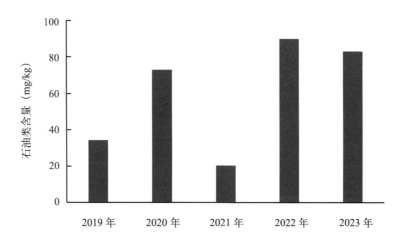

图 2-95　2019—2023 年 8 月同期黄河口海域沉积物石油类含量

2.2.5 沉积物质量等级评价

2.2.5.1 单因子等级评价

对黄河口海域沉积物环境的单因子评价结果显示，2023 年 5 月和 8 月，黄河口海域 20 个监测站位沉积物中的有机碳、硫化物、铜、铅、锌、铬、镉、砷、总汞及石油类含量均符合第一类海洋沉积物质量标准，等级为优的站位比例均为 100%，黄河口海域未出现沉积物指标超标的情况（表 2-12）。

表 2-12 2023 年 5 月和 8 月黄河口沉积物指标站位达标情况

沉积物指标	等级优站位数	等级优站次比
有机碳	20	100%
硫化物	20	100%
铜	20	100%
铅	20	100%
锌	20	100%
铬	20	100%
镉	20	100%
砷	20	100%
总汞	20	100%
石油类	20	100%

2.2.5.2 综合质量评价

2023 年 5 月和 8 月，黄河口海域 20 个沉积物监测站位的沉积物质量等级为优，综合质量评价结果为黄河口海洋沉积物环境综合质量等级为优。同时，近 5 年的结果显示，黄河口海域沉积物质量等级均为优，沉积物环境状况较好。

2.2.6 小结

总的来说，海洋沉积物环境和海洋生物之间存在着密切的联系。生物活动不仅影响着沉积物的形成和分布，同时沉积物也为海洋生物的生长和繁衍提供了重要的物质基础，这种相互依存的关系维持着海洋生态系统的平衡和稳定。本章内容对黄河口海域沉积物

环境的常规指标（pH、容重、粒度、有机碳、硫化物）、营养盐指标（总氮、总磷）、重金属指标（铜、铅、锌、铬、镉、砷、总汞）及有机污染物指标（石油类）进行了研究，分析了黄河口海域沉积物环境的现状及年际变化情况，同时对沉积物环境质量进行了质量评价。评价结果显示，黄河口海域所有沉积物监测站位的沉积物质量等级为优，近年来黄河口海域沉积物质量等级均为优，沉积物环境状况较好。

2

第3章
浮游生物调查与评价

浮游生物是悬浮在水层中常随水流被动运动的海洋生物，这类生物缺乏发达的运动器官，没有或仅有微弱的游动能力，绝大多数个体很小，须在显微镜下才能看清其构造，只有个别种的个体较大。浮游生物是水生生态系统中的重要组成部分，通常分为浮游植物和浮游动物两大类。其中，浮游植物是海洋生态系统的初级生产者之一，是海洋动物及其幼体的直接或者间接饲料，对海洋生物资源的平衡稳定起着极为重要的作用。同时，作为海洋初级生产力的基础，浮游植物在海洋生态系统的物质循环和能量流动过程中发挥关键作用。浮游动物作为初级消费者，在水生食物网中起着关键作用，它们位于食物链的前端，主要以浮游植物和有机碎屑等为食。通过捕食和消化，浮游动物将有机物质转化为自身的一部分，并释放出二氧化碳和其他营养物质，为其他生物提供食物和能量来源。同时，浮游动物的数量和种类变化也会对整个水生生态系统产生影响。如果浮游动物的数量减少，可能会导致浮游植物的过度繁殖，从而影响整个食物网的稳定性和平衡。此外，许多经济鱼类也以浮游动物为食，因此浮游动物的数量和分布情况也会对渔业资源产生影响。

黄河口海域位于渤海湾和莱州湾的交汇处，是海洋生态系统和淡水生态系统的过渡区域。黄河在向渤海输入大量淡水和泥沙的同时，携带丰富的氮、磷等营养盐，这些营养盐为浮游植物的生长繁殖提供了良好的物质基础，而浮游植物的生长繁殖为浮游动物等更高营养级海洋生物提供了基础饵料。有资料表明，近年来受自然因素和人为调控的共同影响，黄河入海径流量和含沙量发生显著的年际和季节变化，营养盐含量变化明显，导致黄河口海域浮游生物群落组成和丰度也随之发生变化。本章以2023年5月和8月的两次现场调查数据为基础，结合2019年以来黄河口海域的浮游生物历史数据，分析了黄河口海域浮游生物的种类组成、密度分布、优势种等现状及变化趋势，评价了浮游生物多样性状况。

3.1　浮游植物

　　浮游植物在海洋生态系统中起着非常重要的作用，对维持生态系统的平衡和稳定具有重要意义。浮游植物作为海洋生态系统中的初级生产者，通过光合作用将无机物转化为有机物，为其他生物提供食物和能量来源。浮游植物通过吸收二氧化碳进行光合作用，将碳元素固定在体内，对维持海洋生态系统的碳平衡具有重要作用，对全球气候也起到调节作用。浮游植物作为海洋生态系统中的基础生物，其多样性和数量对维持整个生态系统的稳定和平衡具有重要作用。

　　历史调查资料表明，河口生态系统是地球上最具生产力和资源量最丰富的区域之一，浮游植物丰度的显著增大会扩大近岸低氧区的范围，严重威胁着河口和近岸海洋生态系统的可持续发展，浮游植物群落结构的变化也会显著影响海洋初级生产力，进而对整个海洋生态系统产生深远影响。河口环境的变化，如河流输入、沿岸上升流等带来的营养元素的改变，会对浮游植物的生长产生影响，进而导致河口生态系统浮游植物群落结构发生变化。

3.1.1　种类组成

　　2023 年 5 月调查结果显示（图 3-1），黄河口海域共监测到浮游植物 31 种，其中硅藻门 28 种，占比最高，占 90.32%，甲藻门 2 种，占比 6.45%，绿藻门 1 种，占比 3.23%。

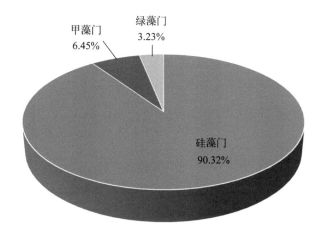

图 3-1　2023 年 5 月黄河口海域浮游植物类群组成

在空间分布上，黄河口南部离岸海域浮游植物种类数较多，黄河口北部近岸海域浮游植物种类数相对较少，总体而言黄河口近岸海域浮游植物种类数要少于离岸海域浮游植物的种类数（图3-2）。近5年来，黄河口海域5月同期浮游植物种类数变化范围为29～35种，其中2022年种类数最多，2021年种类数最少，但整体较为稳定（图3-3）。

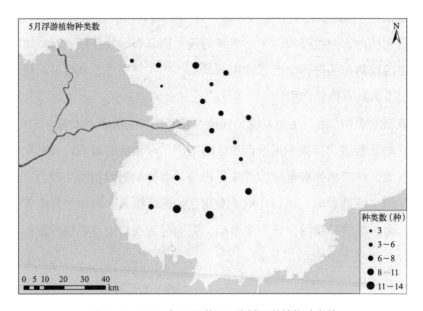

图 3-2　2023年5月黄河口海域浮游植物种类数

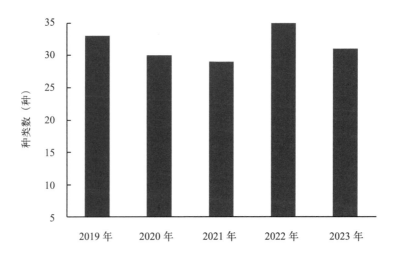

图 3-3　2019—2023年5月同期浮游植物种类数

2023 年 8 月，黄河口海域共监测到浮游植物 57 种，其中硅藻门 51 种，占比仍为最高，占 89.48%，甲藻门 5 种，占比 8.77%，金藻门 1 种，占比 1.75%，8 月黄河口海域甲藻门种类数以及占比均高于 5 月（图 3-4）。

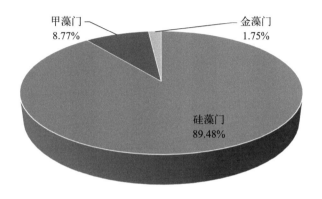

图 3-4　2023 年 8 月黄河口海域浮游植物类群组成

在空间分布上，黄河口海域北部浮游植物种类数较多，黄河口东南部海域浮游植物种类数相对较少（图 3-5）。近 5 年来，黄河口海域 8 月同期浮游植物种类数变化范围为 39 ~ 57 种，整体呈上升趋势（图 3-6）。

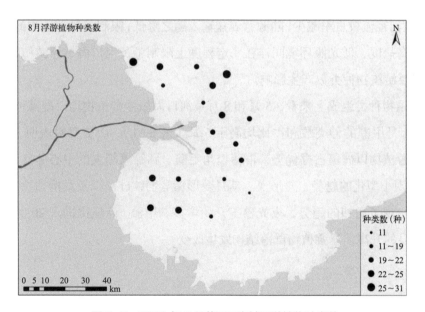

图 3-5　2023 年 8 月黄河口海域浮游植物种类数

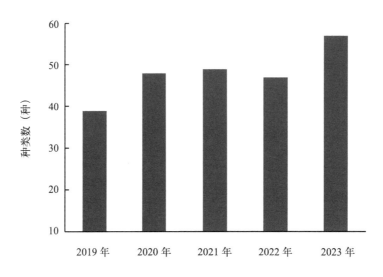

图 3-6　2019—2023 年 8 月同期黄河口海域浮游植物种类数

从浮游植物种类数上来看，春季（5 月）黄河口海域浮游植物的种类数明显低于夏季（8 月）（表 3-1）种类数，且近年来均表现如此。温度、营养盐、盐度通常被认为是影响浮游植物最重要的环境因素，春季黄河口海域平均水温为 16.5℃，最低仅为 13.4℃，较低水温下浮游植物的光合作用减弱，降低了浮游植物有机质的合成与积累。同时，春季黄河径流较夏季减少，陆源营养盐输入随之降低，限制了浮游植物的生长代谢。另外，春季高盐度、低光照环境同样在一定程度上限制了黄河口海域浮游植物的生长繁殖，也会对浮游植物种类数产生影响。

从浮游植物种类组成上来看，5 月和 8 月黄河口海域浮游植物均以硅藻种类数最多，不同的是，8 月甲藻的种类数和占比均高于 5 月（表 3-1）。历史资料表明，20 世纪黄河口海域浮游植物以硅藻占据优势，群落以角毛藻、圆筛藻等大的中心硅藻为主，进入 21 世纪后出现小型化的趋势，舟形藻、新月菱形藻等羽纹硅藻以及具槽帕拉藻开始形成优势。甲藻出现了增加的趋势，夜光藻等开始增多。甲藻/硅藻比进入 20 世纪 90 年代后出现了明显的升高，浮游植物群落结构发生改变。

表 3-1　2023 年 5 月和 8 月黄河口海域浮游植物种类数及占比

类别	5月		8月	
	种类数（种）	占比	种类数（种）	占比
硅藻门	28	90.32%	51	89.48%
甲藻门	2	6.45%	5	8.77%
绿藻门	1	3.23%	0	—
金藻门	0	—	1	1.75%
总计	31	—	57	—

3.1.2　密度分布

2023 年 5 月调查结果显示，黄河口海域浮游植物细胞密度的变化范围为 3.20×10^4 ～ 613.80×10^4 cells/m³，平均值为 46.44×10^4 cells/m³。在空间分布上，黄河口南部海域浮游植物细胞密度总体高于其他调查海域，而黄河口门处海域浮游植物的细胞密度最低（图 3-7）。

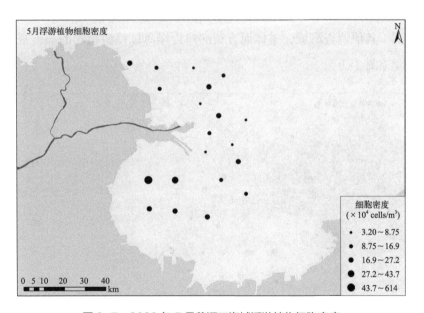

图 3-7　2023 年 5 月黄河口海域浮游植物细胞密度

自 2019 年以来，黄河口海域 5 月同期浮游植物细胞密度变化范围为 18.79×10^4 ～ 46.44×10^4 cells/m³，平均值为 29.76×10^4 cells/m³，其中 2020 年最低而 2023 年最高，总体而言，近年来 5 月同期黄河口海域浮游植物密度整体呈升高的年际变化趋势（图 3-8）。

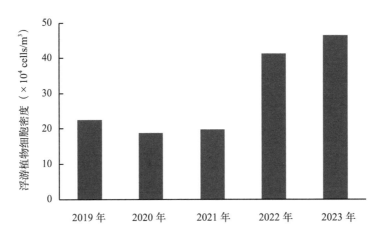

图 3-8　2019—2023 年 5 月同期黄河口海域浮游植物密度

2023 年 8 月调查结果显示，黄河口海域浮游植物细胞密度的变化范围为 8.76×10^4 ~ $11\,090.93 \times 10^4$ cells/m³，平均值为 $1\,120.52 \times 10^4$ cells/m³。受夏季温度升高及黄河营养盐输入增加的影响，8 月黄河口海域浮游植物细胞密度较 5 月出现大幅度增加，约是 5 月浮游植物细胞密度的 24 倍。在空间分布上，8 月黄河口中部海域及南部海域浮游植物细胞密度总体高于其他调查海域，整体而言黄河口近岸海域浮游植物的细胞密度大于离岸海域细胞密度（图 3-9）。

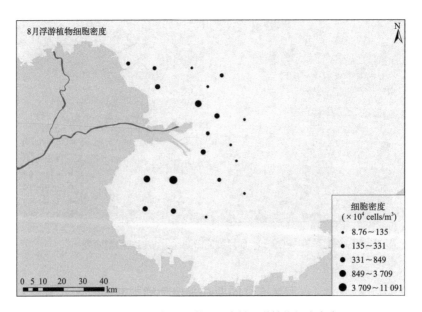

图 3-9　2023 年 8 月黄河口海域浮游植物细胞密度

自 2019 年以来，黄河口调查海域 8 月同期浮游植物密度的变化范围为 56.17×10^4 ~ $1\,120.52 \times 10^4$ cells/m³，平均值为 509.95×10^4 cells/m³，除 2021 年 8 月浮游植物细胞密度明显偏低外，浮游植物密度整体呈升高的年际变化趋势（图 3-10）。大量研究表明，无机氮的富集以及由此引发的营养盐结构比例的严重失衡会对浮游植物丰度及群落结构产生重要的影响。浮游植物丰度的显著增大会扩大近岸低氧区的范围，严重威胁着河口和近岸海洋生态系统的可持续发展，此外，浮游植物群落结构的变化也会显著影响海洋初级生产力，进而对整个海洋生态系统产生深远影响。

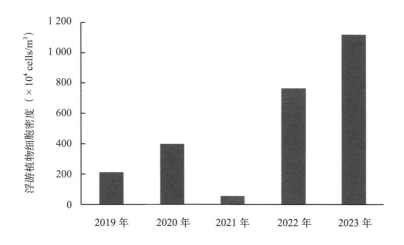

图 3-10　2019—2023 年 8 月同期黄河口海域浮游植物细胞密度

3.1.3　优势种

2023 年 5 月调查结果显示，黄河口海域浮游植物优势种主要为斯氏几内亚藻和夜光藻。其中，斯氏几内亚藻细胞密度范围为 $0.114\,5 \times 10^4$ ~ 596.6×10^4 cells/m³，主要分布在黄河口南部海域（图 3-11）；夜光藻细胞密度范围为 0.32×10^4 ~ 21.6×10^4 cells/m³，每个站位均有分布，分布相对分散（图 3-12）。

2023 年 8 月调查结果显示，黄河口海域浮游植物优势种主要为尖刺伪菱形藻和中肋骨条藻。其中，尖刺伪菱形藻的细胞密度范围为 $0.216\,7 \times 10^4$ ~ $6\,353.6 \times 10^4$ cells/m³，在黄河口南部海域分布较多（图 3-13）；中肋骨条藻的细胞密度范围为 $0.603\,6 \times 10^4$ ~ $3\,176.1 \times 10^4$ cells/m³，主要分布于黄河口中部海域，整体上近岸海域细胞密度高于离岸海域（图 3-14）。

3

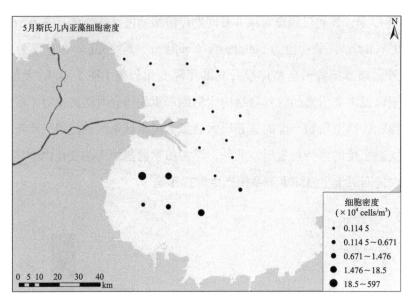

图 3-11　2023 年 5 月优势种斯氏几内亚藻细胞密度

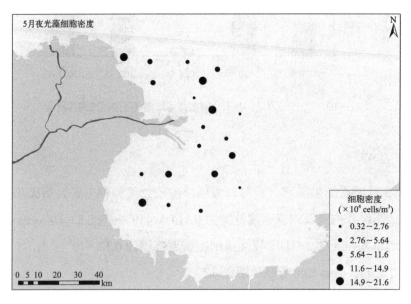

图 3-12　2023 年 5 月优势种夜光藻细胞密度

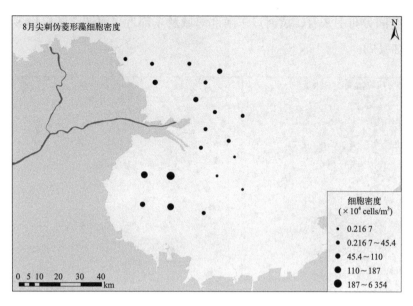

图 3-13　2023 年 8 月优势种尖刺伪菱形藻细胞密度

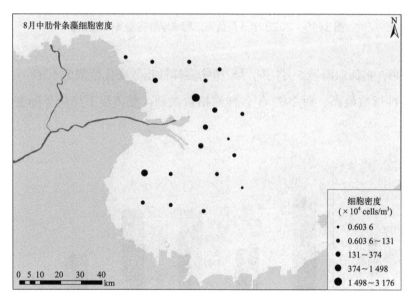

图 3-14　2023 年 8 月优势种中肋骨条藻细胞密度

3.1.4　多样性评价

3.1.4.1　多样性指数

2023 年 5 月，黄河口海域浮游植物多样性指数变化范围为 0.183 ～ 3.145，平均值为1.36。从空间分布上来看，黄河口东南部海域及东部近岸海域浮游植物多样性指数相对较高（图3-15）。

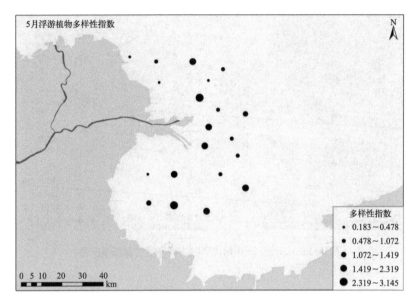

图 3-15　2023 年 5 月黄河口海域浮游植物多样性指数

近 5 年来，黄河口海域 5 月同期浮游植物多样性指数变化范围为 1.36 ~ 2.13，其中，2019 年多样性指数最高，而 2023 年多样性指数最低，整体呈下降的年际变化趋势（图3-16）。

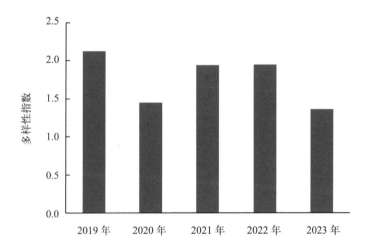

图 3-16　2019—2023 年 5 月同期黄河口海域浮游植物多样性指数

2023 年 8 月，黄河口海域浮游植物多样性指数变化范围为 1.096 ～ 3.609，平均值为 2.58，较 5 月多样性指数出现较大幅度的升高。从空间分布上来看，黄河口门处近岸海域浮游植物的多样性指数普遍较低，整体而言黄河口离岸海域浮游植物的多样性指数要高于近岸海域（图 3-17）。2019—2023 年，黄河口海域 8 月同期浮游植物多样性指数变化范围为 2.48 ～ 2.83，2019—2022 年呈小幅度升高的趋势，而 2023 年出现小幅度降低，但整体较为稳定（图 3-18）。

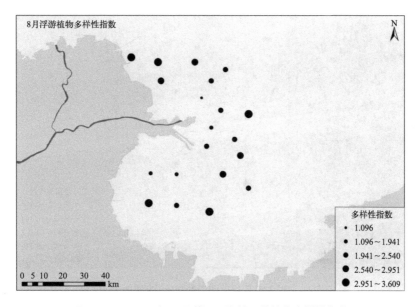

图 3-17　2023 年 8 月黄河口海域浮游植物多样性指数

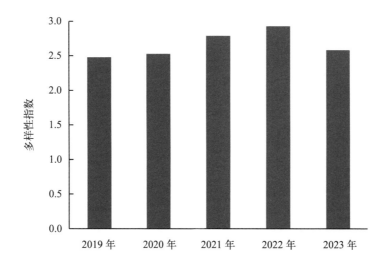

图 3-18　2019—2023 年 8 月同期黄河口海域浮游植物多样性指数

3.1.4.2　丰富度指数

2023 年 5 月，黄河口海域浮游植物丰富度指数变化范围为 0.172 ～ 1.061，平均值为 0.57。从空间分布上来看，黄河口东南部海域浮游植物丰富度指数明显高于其他海域（图 3-19）。自 2019 年以来，黄河口海域 5 月同期浮游植物丰富度指数变化范围为 0.52 ～ 0.79（图 3-20）。

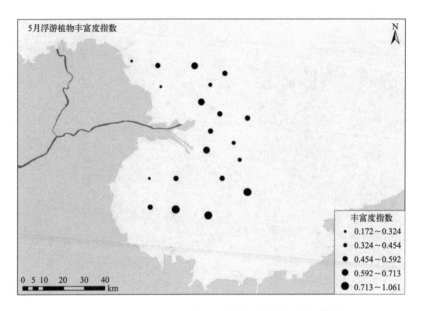

图 3-19　2023 年 5 月黄河口海域浮游植物丰富度指数

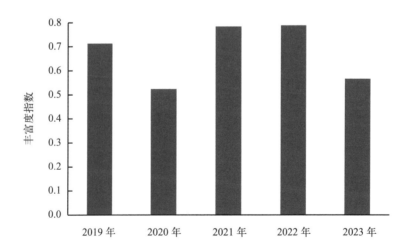

图 3-20　2019—2023 年 5 月同期黄河口海域浮游植物丰富度指数

2023 年 8 月，黄河口海域浮游植物丰富度指数变化范围为 0.879 ~ 1.998，平均值为 1.40，较 5 月丰富度指数有大幅度升高。从空间分布上来看，黄河口北部海域浮游植物丰富度指数高于南部海域（图 3-21）。自 2019 年以来，黄河口海域 8 月同期浮游植物丰富度指数变化范围为 0.85 ~ 1.40，整体呈上升的年际趋势（图 3-22）。

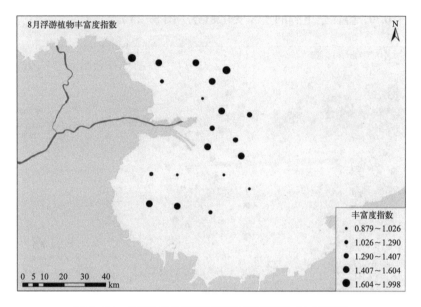

图 3-21　2023 年 8 月黄河口海域浮游植物丰富度指数

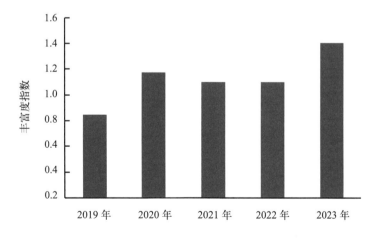

图 3-22　2019—2023 年 8 月同期黄河口海域浮游植物丰富度指数

3.1.4.3 均匀度指数

2023 年 5 月，黄河口海域浮游植物均匀度指数变化范围为 0.092 ~ 0.882，平均值为 0.45。从空间分布上来看，黄河口近岸海域浮游植物均匀度指数较高，离岸海域均匀度指数较低（图 3-23）。自 2019 年以来，黄河口海域 5 月同期浮游植物均匀度指数变化范围为 0.45 ~ 0.70，整体呈下降的年际变化趋势（图 3-24）。

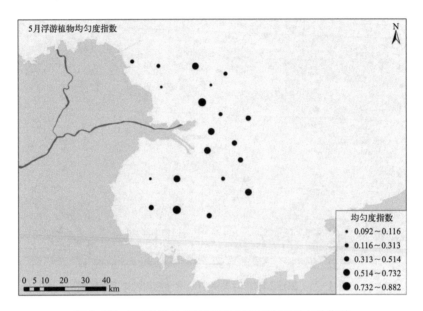

图 3-23　2023 年 5 月黄河口海域浮游植物均匀度指数

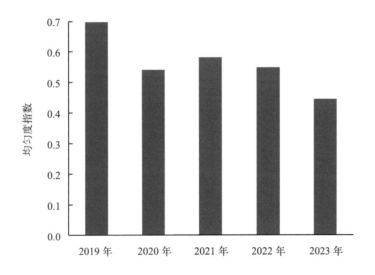

图 3-24　2019—2023 年 5 月同期黄河口海域浮游植物均匀度指数

2023年8月，黄河口海域浮游植物均匀度指数变化范围为0.263～0.835，平均值为0.59，较5月均匀度指数有所升高。从空间分布上来看，黄河口东南部海域浮游植物均匀度指数较高，总体而言黄河口离岸海域浮游植物的均匀度指数要高于黄河口近岸海域（图3-25）。近5年来，黄河口海域8月同期浮游植物均匀度指数变化范围为0.59～0.75，整体相对稳定（图3-26）。

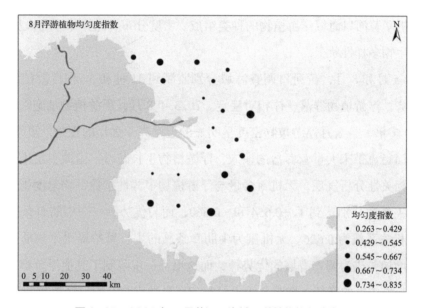

图3-25　2023年8月黄河口海域浮游植物均匀度指数

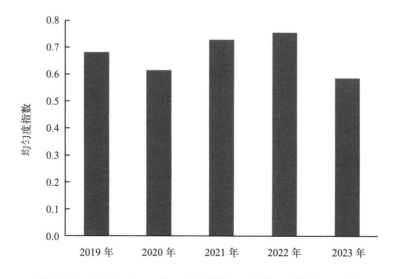

图3-26　2019—2023年8月同期黄河口海域浮游植物均匀度指数

3.1.5 小结

浮游植物在海洋生态系统中扮演着重要的角色。它们是海洋食物链的基础，通过光合作用生成有机物和氧气，为其他生物提供食物和氧气。浮游植物的分布和丰度对海洋生态系统中的物质循环和能量流动有直接的影响，维持着生态系统的平衡。本节以 2023 年 5 月和 8 月的两次现场调查数据为基础，结合 2019 年以来黄河口海域的浮游植物历史数据，分析了黄河口海域浮游植物的种类组成、密度分布、优势种等现状及变化趋势，评价了浮游生物多样性状况。

2023 年 5 月和 8 月，黄河口调查海域分别监测到 31 种和 57 种浮游植物，均以硅藻占主要优势，浮游植物群落整体相对稳定。2023 年 8 月，浮游植物细胞密度为 5 月细胞密度的 20 多倍，且 8 月浮游植物密度呈明显的近岸高于远岸的现象，夏季水温较高，且丰水期黄河径流带来大量营养盐的输入，浮游植物生长旺盛，由此引发生物密度的大幅度增加。相关性分析发现，无机氮含量与浮游植物多样性指数、均匀度指数均呈显著负相关，相关系数分别达到了 −0.654 和 −0.660，而与优势种——中肋骨条藻密度呈显著正相关，相关系数为 0.626。无机氮为中肋骨条藻的生长繁殖提供了物质基础，使其密度大幅度增加并成为调查海域的优势种，而这也进一步限制了其他浮游植物的生长空间，从而引起均匀度的降低，即表现为无机氮与多样性指数、均匀度指数的负相关性。

3.2 浮游动物

浮游动物在海洋生态系统中扮演着关键的角色，它们对维持海洋生态平衡、促进物质循环等方面都具有重要意义。浮游动物通过捕食浮游植物，对其数量进行控制，防止其过度繁殖，从而维持了海洋生态系统的平衡。同时，浮游动物也是许多鱼类和其他海洋动物的食物来源，为这些生物提供了必要的能量和营养物质。浮游动物的死亡和沉降为海洋生态系统提供了有机物质，有助于营养物质的循环。然而，人类活动和气候变化也对浮游动物产生了影响。例如，过度捕捞、污染和全球变暖都可能导致浮游动物的数量减少或种类变化，进而影响整个海洋生态系统的稳定性和功能。

黄河口是黄、渤海渔业资源重要的繁育场。浮游动物作为许多经济鱼类的饵料来源，在海洋生态系统能量流动和物质转化方面发挥着至关重要的作用，有资料指出，黄河口水域的浮游动物种类数在近半个世纪以来有下降趋势，开展黄河口浮游动物群落特征的研究显得尤为重要。

3.2.1　种类组成

2023 年 5 月，黄河口海域共监测到浮游动物 30 种（Ⅰ型网），在空间分布上，黄河口南部海域浮游动物种类数总体高于北部海域，近岸海域种类数总体低于离岸海域（图 3-27）。2023 年 5 月，调查海域共监测到浮游动物类群 6 个，包括桡足类、浮游幼虫、刺胞动物门、端足类、毛颚动物门及栉板动物门，种类数占比分别为 36.67%、36.67%、13.33%、6.67%、3.33% 和 3.33%（图 3-28）。

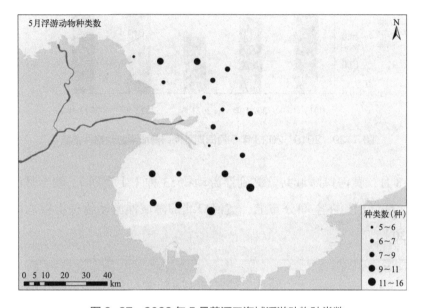

图 3-27　2023 年 5 月黄河口海域浮游动物种类数

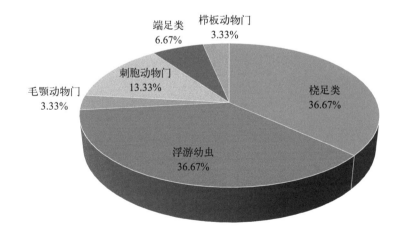

图 3-28　2023 年 5 月黄河口海域浮游动物类群组成

自 2019 年以来，黄河口海域 5 月同期浮游动物种类数变化范围为 20 ～ 50 种，平均值为 31.6 种。2019—2021 年浮游动物种类数有降低的趋势，2022 年浮游动物种类数明显增高（图 3-29）。

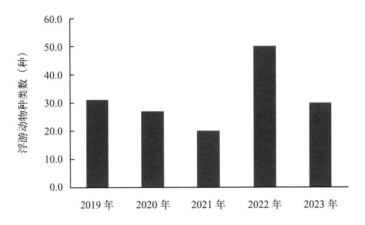

图 3-29　2019—2023 年 5 月同期黄河口海域浮游动物种类数

2023 年 8 月，黄河口海域共监测到浮游动物 53 种（Ⅰ型网），较 5 月浮游动物种类数出现大幅度增加。在空间分布上，黄河口北部海域浮游动物种类数总体高于南部海域（图 3-30）。

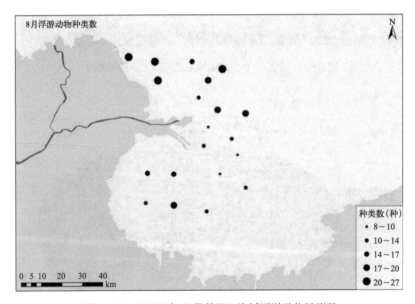

图 3-30　2023 年 8 月黄河口海域浮游动物种类数

2023 年 8 月，黄河口海域共监测到浮游动物类群 8 个，包括浮游幼虫、刺胞动物门、桡足类、栉板动物门、毛颚动物门、端足类、被囊类和十足类，种类数占比分别为

37.74%、30.19%、22.64%、1.89%、1.89%、1.89%、1.89% 和 1.89%（图 3-31）。

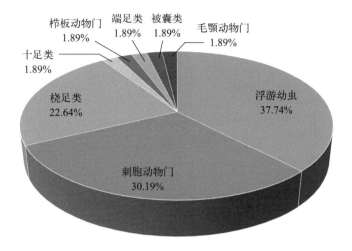

图 3-31　2023 年 8 月黄河口海域浮游动物类群组成

　　2019—2023 年，黄河口海域 8 月同期浮游动物种类数变化范围为 25 ~ 53 种，平均值为 36.8 种，整体上呈现逐渐升高的年际变化趋势（图 3-32）。

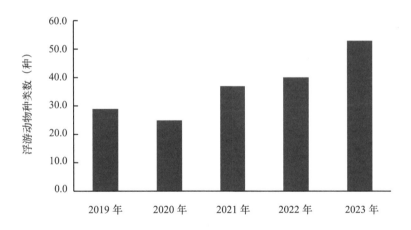

图 3-32　2019—2023 年 8 月同期黄河口海域浮游动物种类数

3.2.2　密度分布

　　2023 年 5 月，黄河口海域浮游动物密度变化范围为 15 ~ 613 ind./m³，平均值为 165.8 ind./m³。在空间分布上，黄河口南部海域浮游动物密度相对较小，东南部及北部海域浮游动物密度相对较大，总体而言黄河口近岸海域浮游动物密度低于黄河口离岸海域（图 3-33）。

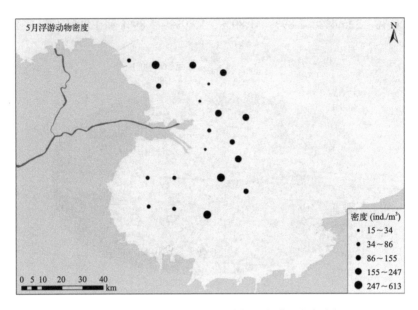

图 3-33　2023 年 5 月黄河口海域浮游动物密度分布

年际变化上，2019—2022 年黄河口海域 5 月同期浮游动物密度变化范围为 88.3 ～ 382.8 ind./m³，呈逐年升高的变化趋势，2023 年 5 月浮游动物密度有所降低（图 3-34）。

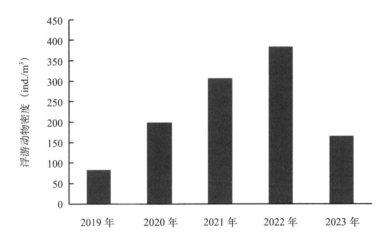

图 3-34　2019—2023 年 5 月同期黄河口海域浮游动物密度

2023 年 8 月，黄河口海域浮游动物密度变化范围为 91 ～ 924 ind./m³，平均值为 273.6 ind./m³，较 5 月浮游动物密度出现了较大幅度的升高。在空间分布上，黄河口近岸海域的浮游动物密度整体要高于离岸海域（图 3-35）。年际变化上，自 2019 年以来，黄河口海域 8 月同期浮游动物密度变化范围为 31.7 ～ 273.6 ind./m³，整体呈现逐年升高的趋势（图 3-36）。

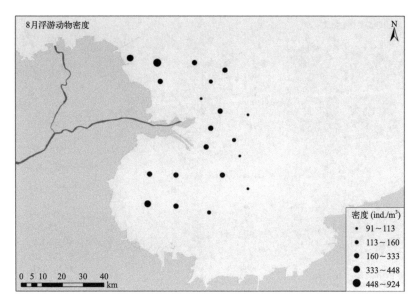

图 3-35　2023 年 8 月黄河口海域浮游动物密度

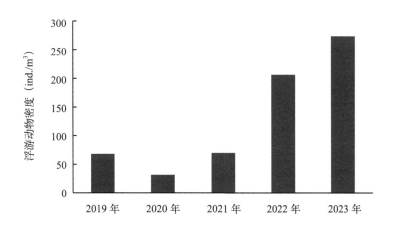

图 3-36　2019—2023 年 8 月同期黄河口海域浮游动物密度

3.2.3　生物量

2023 年 5 月调查结果显示，黄河口海域浮游动物生物量变化范围为 25 ~ 645 mg/m^3，平均值为 223.5 mg/m^3。黄河口离岸海域浮游动物的生物量整体高于近岸海域生物量（图 3-37）。自 2019 年以来，黄河口海域 5 月同期浮游动物生物量变化范围为 108.9 ~ 287.7 mg/m^3，呈现先升高后降低的趋势（图 3-38）。

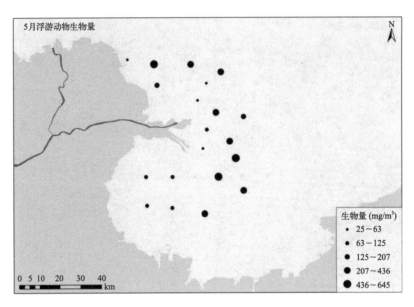

图 3-37　2023 年 5 月黄河口海域浮游动物生物量

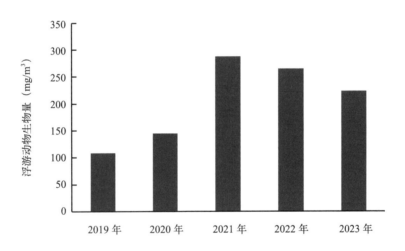

图 3-38　2019—2023 年 5 月同期黄河口海域浮游动物生物量

2023 年 8 月，黄河口海域浮游动物生物量变化范围为 278.6 ～ 1 360 mg/m³，平均值为 685.2 mg/m³，较 5 月出现了大幅度的升高。在空间分布上，8 月黄河口近岸海域浮游动物的生物量整体大于离岸海域生物量（图 3-39）。自 2019 年以来，黄河口海域 8 月同期浮游动物生物量变化范围为 38.7 ～ 685.2 mg/m³，呈现逐年升高的趋势，2023 年升高幅度较大（图 3-40）。

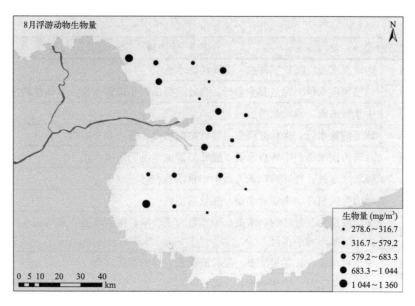

图 3-39 2023 年 8 月黄河口海域浮游动物生物量

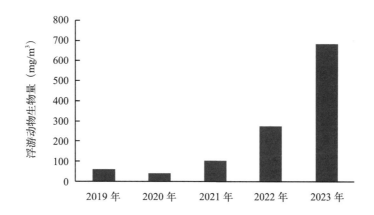

图 3-40 2019—2023 年 8 月同期黄河口海域浮游动物生物量

3.2.4 优势种

2023 年 5 月，黄河口海域浮游动物优势种主要为中华哲水蚤、长尾类幼虫、强壮滨箭虫以及嵊山秀氏水母。

2023 年 8 月，黄河口海域浮游动物优势种主要为球型侧腕水母、中华哲水蚤、强壮滨箭虫、锡兰和平水母、细颈和平水母、蟹形和平水母。

自 2019 年以来，黄河口海域浮游动物相对稳定，优势种总体以桡足类、刺胞动物、毛颚动物为主（表 3-2）。

表 3-2 2019—2023 年浮游动物优势种变化

年份	优势种
2019 年 5 月	中华哲水蚤、强壮滨箭虫、洪氏纺锤水蚤
2019 年 8 月	球型侧腕水母、锡兰和平水母、强壮滨箭虫、小拟哲水蚤、异体住囊虫
2020 年 5 月	中华哲水蚤、强壮滨箭虫
2020 年 8 月	球型侧腕水母、强壮滨箭虫、背针胸刺水蚤、锡兰和平水母
2021 年 5 月	八斑芮氏水母、中华哲水蚤、强壮滨箭虫、洪氏纺锤水蚤
2021 年 8 月	强壮滨箭虫、背针胸刺水蚤、中华哲水蚤、灯塔水母
2022 年 5 月	嵊山秀氏水母、中华哲水蚤、强壮滨箭虫
2022 年 8 月	强壮滨箭虫、背针胸刺水蚤、中华哲水蚤、拟长腹剑水蚤、圆唇角水蚤、细颈和平水母、蟹形和平水母
2023 年 5 月	中华哲水蚤、长尾类幼虫、强壮滨箭虫、嵊山秀氏水母
2023 年 8 月	球型侧腕水母、中华哲水蚤、强壮滨箭虫、锡兰和平水母、细颈和平水母、蟹形和平水母

3.2.5 多样性评价

3.2.5.1 多样性指数

2023 年 5 月，黄河口海域浮游动物多样性指数变化范围为 0.561 ~ 3.178，平均值为 1.73。在空间分布上，黄河口西南部海域浮游动物多样性指数较高，自高值区向东北方向，生物多样性指数整体呈逐渐降低的变化趋势（图 3-41）。

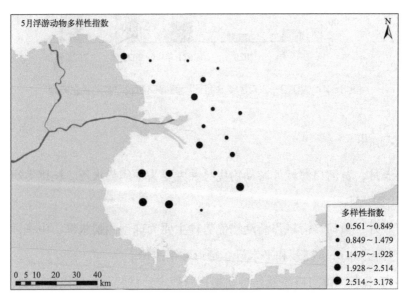

图 3-41 2023 年 5 月黄河口海域浮游动物多样性指数

2019年以来，黄河口海域5月同期浮游动物多样性指数变化范围为1.72～2.31，呈波动变化，但总体较高，均超过1.5（图3-42）。

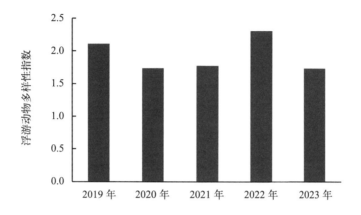

图3-42　2019—2023年5月同期黄河口海域浮游动物多样性指数

2023年8月，黄河口海域浮游动物多样性指数变化范围为0.738～2.900，平均值为2.14，较5月有所升高。在空间分布上，黄河口西南部、东北部海域浮游动物多样性指数较高（图3-43）。

2019—2022年，黄河口海域8月同期浮游动物多样性指数呈现逐年升高的年际变化趋势，2023年8月浮游动物多样性指数较2022年同期有所降低，但也超过1.5（图3-44）。

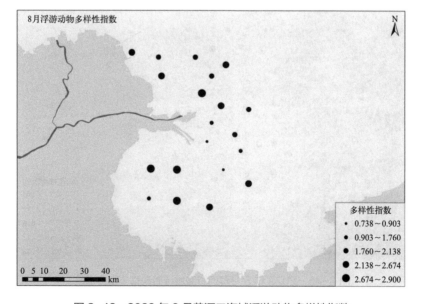

图3-43　2023年8月黄河口海域浮游动物多样性指数

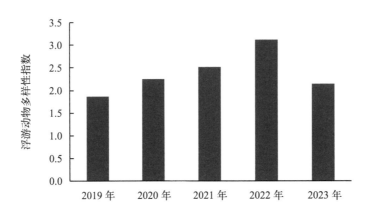

图 3-44　2019—2023 年 8 月同期黄河口海域浮游动物多样性指数

3.2.5.2　丰富度指数

2023 年 5 月，黄河口海域浮游动物丰富度指数变化范围为 0.827 ~ 2.988，平均值为 1.73。在空间分布上，黄河口南部海域浮游动物丰富度指数相对较高，黄河口西北部海域及东部离岸海域浮游动物丰富度指数相对较低（图 3-45）。

2023 年 8 月，黄河口海域浮游动物丰富度指数变化范围为 1.529 ~ 4.518，平均值为 2.82，较 5 月丰富度指数有所升高。在空间分布上，黄河口北部海域浮游动物丰富度指数较高（图 3-46）。

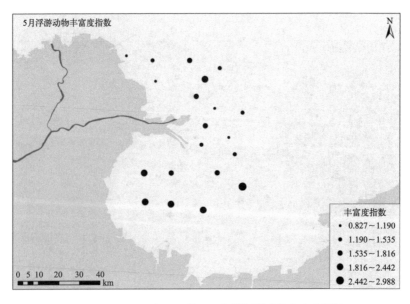

图 3-45　2023 年 5 月黄河口海域浮游动物丰富度指数

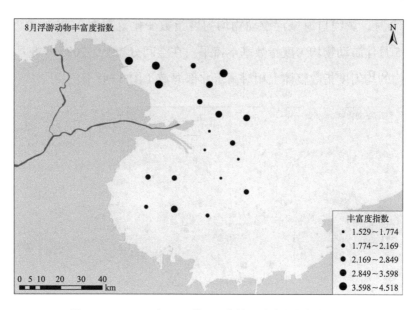

图 3-46　2023 年 8 月黄河口海域浮游动物丰富度指数

3.2.5.3　均匀度指数

2023 年 5 月，黄河口海域浮游动物均匀度指数变化范围为 0.169 ～ 0.919，平均值为 0.57，东部及南部近岸海域均匀度指数相对较大，整体上近岸海域浮游动物的均匀度指数要大于离岸海域的均匀度指数（图 3-47）。

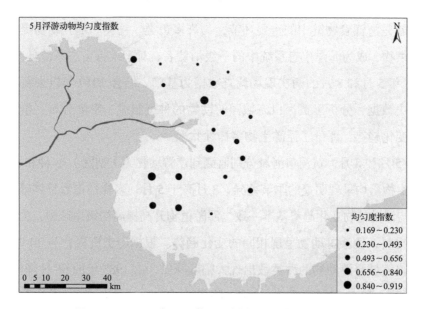

图 3-47　2023 年 5 月黄河口海域浮游动物均匀度指数

2023 年 8 月，黄河口海域浮游动物均匀度指数变化范围为 0.222 ～ 0.791，平均值为 0.55，与 5 月浮游动物均匀度指数基本持平。在空间分布上，2023 年 8 月黄河口南部海域浮游动物的均匀度指数整体上相对高于北部海域（图 3-48）。

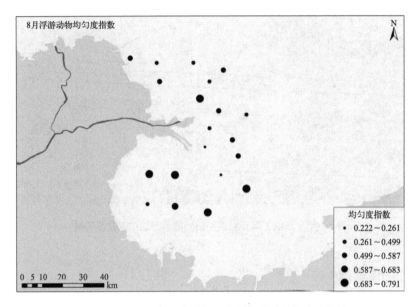

图 3-48　2023 年 8 月黄河口海域浮游动物均匀度指数

3.2.6　小结

浮游动物是海洋食物链中的重要环节，为许多鱼类、鸟类和哺乳动物提供食物。它们捕食浮游植物，成为海洋生态系统中的一级消费者，对于维持生态平衡具有重要作用。本节以 2023 年 5 月和 8 月的两次现场调查数据为基础，结合 2019 年以来黄河口海域的浮游动物历史数据，分析了黄河口海域浮游动物的种类组成、密度分布、生物量、优势种等现状及变化趋势，评价了浮游生物多样性状况。

2023 年 5 月和 8 月，黄河口海域分别监测到浮游动物（Ⅰ型网）30 种和 53 种，浮游动物密度和生物量均呈现明显的季节差异，8 月高于 5 月，多样性指数整体较好。浮游动物变化趋势与浮游植物变化趋势基本一致，浮游植物升高提高初级生产力，为浮游动物提供了相应的饵料，使浮游动物呈现相同的变化趋势。根据历史资料，与 20 世纪 80 年代相比，黄河口海域浮游动物的种类数出现大幅度降低，由 1985 年的 66 种降低到 2023 年的 30 种（春季）和 53 种（夏季），分别下降了 54.5% 和 19.7%，桡足类的占比也出现下降，说明浮游动物种类组成结构发生变化。2019—2021 年浮游动物种类数有降低的趋势，2022 年浮游动物种类数明显增高。近 5 年来，8 月同期浮游动物种类数呈现逐渐升高的趋势。

第4章
大型底栖生物调查与评价

底栖生物在海洋生态系统中扮演着至关重要的角色。某些底栖生物对污染物和环境变化非常敏感，因此可以作为指示物种，通过监测这些底栖生物的数量和种类变化，我们可以及时了解海洋环境的健康状况，并采取相应的保护措施。底栖生物在海洋食物网中发挥着重要作用，它们是许多鱼类和其他捕食者的食物来源，从而在食物链中起到关键的作用。底栖生物参与了碳、氮、磷等重要元素的循环，对维持生态系统的正常结构起到了关键作用。底栖生物种类繁多，拥有丰富的遗传多样性，保护底栖生物有助于维护生物多样性，这对于人类的生存和发展具有重要意义。

底栖生物是黄河口海域生态系统的重要组成部分，它们参与生物地球化学循环，维持生态系统的结构功能，是监测黄河口生态系统变化的重要研究对象。本章以 2023 年 5 月和 8 月的两次现场调查数据为基础，结合 2019 年以来黄河口海域的大型底栖生物历史数据，分析了黄河口海域底栖生物的种类组成、密度分布、生物量、优势种等现状及变化趋势，评价了大型底栖生物多样性状况。

4.1 种类组成

2023 年 5 月，黄河口海域共监测到 98 种大型底栖生物，从空间分布上来看，黄河口南部海域大型底栖生物种类较多，东部海域种类较少，总体而言黄河口近岸海域大型底栖生物的种类数低于离岸海域的种类数（图 4-1）。

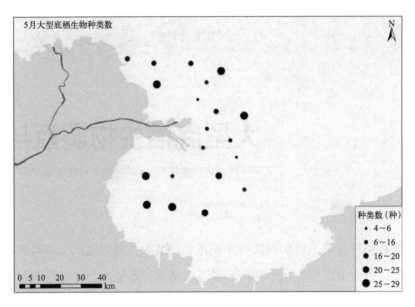

图 4-1　2023 年 5 月黄河口海域大型底栖生物种类数

2023 年 5 月在黄河口海域共监测到 7 个类群大型底栖生物（图 4-2），分别为环节动物门、软体动物门、节肢动物门、棘皮动物门、纽形动物门、脊索动物门以及扁形动物门，种类数所占比例分别为 35.71%、35.71%、22.46%、2.04%、2.04%、1.02% 和 1.02%。

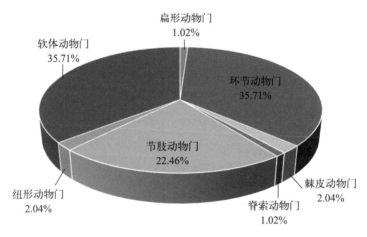

图 4-2　2023 年 5 月黄河口海域大型底栖生物类群组成

2023 年 8 月，黄河口海域共监测到 109 种大型底栖生物，较 5 月种类数有所增加。从空间分布上来看，黄河口东部海域大型底栖生物种类数较多，西部海域种类较少，整体而言仍然表现为黄河口近岸海域大型底栖生物的种类数低于离岸海域种类数（图 4-3）。

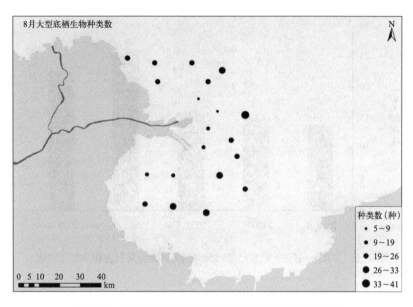

图 4-3 2023 年 8 月黄河口海域大型底栖生物种类数

2023 年 8 月，在黄河口海域共监测到 7 个类群大型底栖生物（图 4-4），种类数仍以环节动物门、软体动物门及节肢动物门较高，占比分别达到了 38.53%、33.94% 和 21.10%。

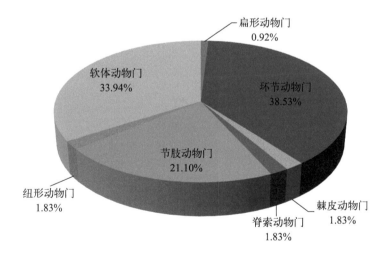

图 4-4 2023 年 8 月黄河口海域大型底栖生物类群组成

2019—2023 年 8 月同期监测结果显示，黄河口海域各站位大型底栖生物种类数平均值变化范围为 13.9 ~ 25.3 个，整体有升高的年际变化趋势，其中 2022 年大型底栖生物种类数平均值最高（图 4-5）。

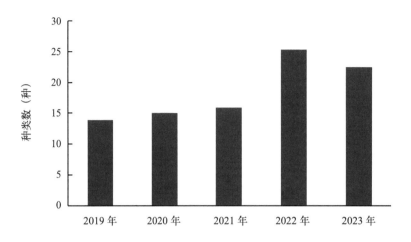

图 4-5   2019—2023 年 8 月同期黄河口海域大型底栖生物种类平均数

4.2　密度分布

2023 年 5 月，黄河口海域大型底栖生物密度变化范围为 100 ~ 17 130 ind./m²，平均值为 1 541 ind./m²。在空间分布上，黄河口南部海域大型底栖生物密度相对较大，东南部及北部海域密度相对较小，整体而言黄河口近岸海域大型底栖生物密度小于离岸海域大型底栖生物密度（图 4-6）。

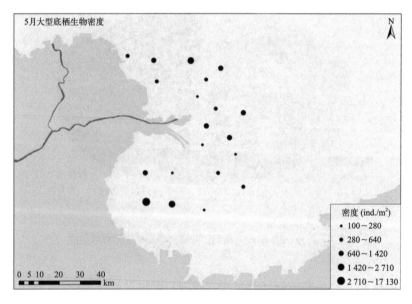

图 4-6   2023 年 5 月黄河口海域大型底栖生物密度

2023 年 8 月，黄河口海域大型底栖生物密度变化范围为 30 ~ 3 230 ind./m²，平均值为 503 ind./m²，较 5 月大型底栖生物密度出现较大幅度的下降，春季为繁殖期，底栖生物幼体增多，导致该时期生物密度较高。在空间分布上，黄河口南部离岸海域和北部离岸海域大型底栖生物密度相对较大，密度最高值出现在广利港北部海域，黄河口近岸海域大型底栖生物密度总体小于离岸海域密度（图 4-7）。

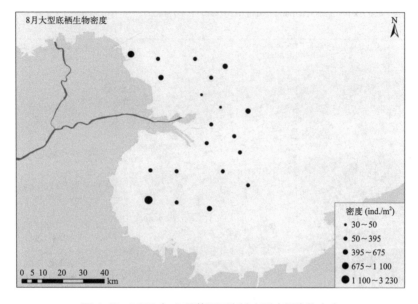

图 4-7　2023 年 8 月黄河口海域大型底栖生物密度

2019—2023 年 8 月同期黄河口海域各站位大型底栖生物的生物密度平均值变化范围为 503.4 ~ 1 675 ind./m²，其中 2020 年 8 月各站位大型底栖生物密度平均值最高，而 2023 年 8 月最低，从 2020 年起，大型底栖生物密度有降低的年际变化趋势（图 4-8）。

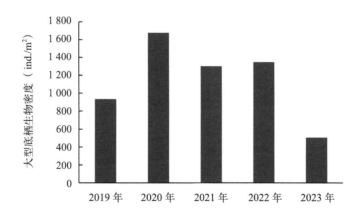

图 4-8　2019—2023 年 8 月同期黄河口海域大型底栖生物密度平均数

4.3 生物量

2023 年 5 月调查结果显示，黄河口海域大型底栖生物的生物量变化范围为 0.191 ～ 425 g/m²，平均值为 47.0 g/m²。在空间分布上，黄河口海域大型底栖生物的生物量最高值出现在广利港北部海域，与生物密度最高值所在的站位一致（图 4-9）。总体而言黄河口近岸海域大型底栖生物量低于离岸海域的生物量。

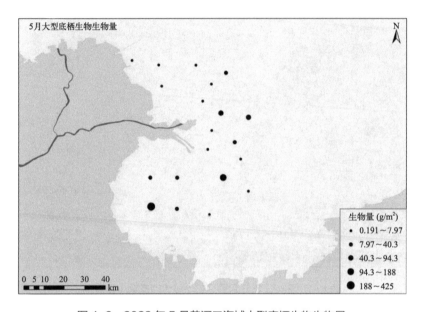

图 4-9　2023 年 5 月黄河口海域大型底栖生物生物量

2023 年 8 月，黄河口海域大型底栖生物生物量变化范围为 0.920 ～ 32.3 g/m²，平均值为 12.7 g/m²，较 5 月生物量出现了大幅度下降。8 月黄河口海域大型底栖生物的生物量最高值同样出现在广利港北部海域，与生物密度最高值所在的站位一致。总体而言，8 月黄河口近岸海域大型底栖生物量低于离岸海域的生物量（图 4-10）。

2019—2023 年 8 月同期黄河口海域各站位大型底栖生物的生物量平均值变化范围为 12.656 ～ 174.46 g/m²，其中 2021 年 8 月各站位大型底栖生物的生物量平均值明显高于其他年份（图 4-11）。

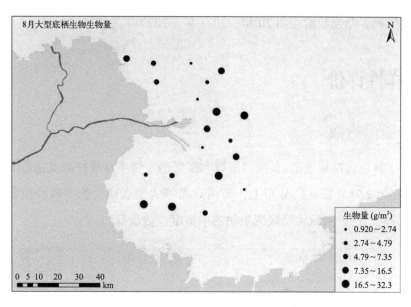

图 4-10　2023 年 8 月黄河口海域大型底栖生物生物量

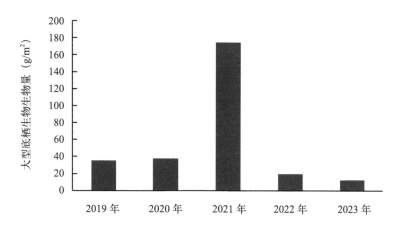

图 4-11　2019—2023 年 8 月同期黄河口海域大型底栖生物生物量

4.4　优势种

2023 年 5 月，黄河口海域大型底栖生物优势种为光滑篮蛤、寡节甘吻沙蚕、棘刺锚参 3 种。2023 年 8 月，黄河口海域大型底栖生物优势种为棘刺锚参、寡节甘吻沙蚕、凸壳肌蛤、扁玉螺 4 种。

2019—2022 年 8 月，黄河口海域大型底栖生物中棘刺锚参在 2020 年、2022 年、

2023 年为优势种，凸壳肌蛤在 2020 年、2021 年、2023 年为优势种。

4.5 多样性评价

4.5.1 丰富度指数

2023 年 5 月评价结果显示，黄河口海域大型底栖生物丰富度指数变化范围为 0.552 ~ 4.25，平均值为 2.78。在空间分布上，黄河口海域大型底栖生物多样性指数如图 4-12 所示，5 月黄河口门处海域大型底栖生物的丰富度指数最低。

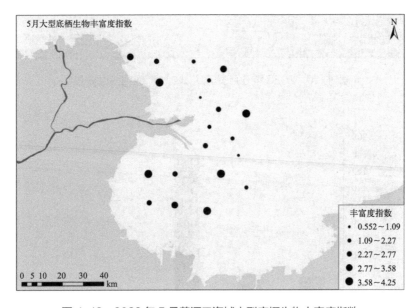

图 4-12 2023 年 5 月黄河口海域大型底栖生物丰富度指数

2023 年 8 月评价结果显示，黄河口海域大型底栖生物丰富度指数变化范围为 1.18 ~ 6.14，平均值为 3.66，较 5 月丰富度指数有所升高。在空间分布上，黄河口离岸海域大型底栖生物的丰富度指数较高，近岸海域大型底栖生物丰富度指数较低，同 5 月结果一致，黄河口门处海域大型底栖生物丰富度指数最低（图 4-13）。

2019—2023 年 8 月同期，黄河口海域各站位大型底栖生物丰富度指数平均值呈上升的年际变化趋势（图 4-14）。

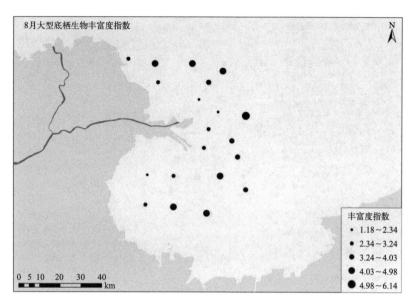

图 4-13　2023 年 8 月黄河口海域大型底栖生物丰富度指数

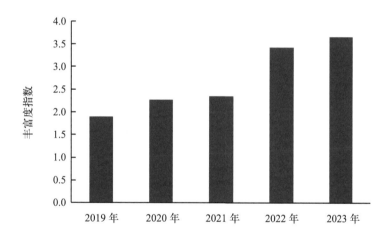

图 4-14　2019—2023 年 8 月同期黄河口海域大型底栖生物丰富度指数

4.5.2　均匀度指数

2023 年 5 月评价结果显示,黄河口海域大型底栖生物均匀度指数变化范围为 0.118 ~ 0.946,平均值为 0.727。在空间分布上，黄河口南部及东部离岸海域大型底栖生物的均匀度指数明显低于其他海域，最低值出现在广利港北部海域，黄河口北部海域大型底栖生物的均匀度指数相对较高（图 4-15）。

4

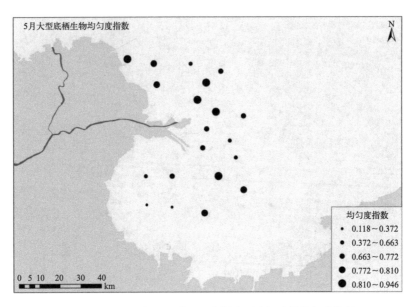

图 4-15　2023 年 5 月黄河口海域大型底栖生物均匀度指数

2023 年 8 月评价结果显示，黄河口海域大型底栖生物的均匀度指数变化范围为
0.135 ~ 0.985，平均值为 0.839，较 5 月均匀度指数有所升高。在空间分布上与 5 月不同，
8 月黄河口东部及东南部海域大型底栖生物的均匀度指数相对较高，而北部海域的均匀
度指数普遍较低（图 4-16）。

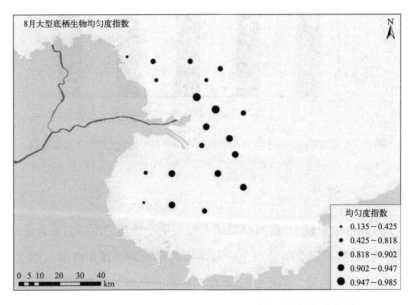

图 4-16　2023 年 8 月黄河口海域大型底栖生物均匀度指数

2019—2023 年 8 月同期，黄河口海域各站位大型底栖生物的均匀度指数平均值呈先降低后升高的趋势，但整体变化不大，均匀度指数保持相对稳定（图 4-17）。

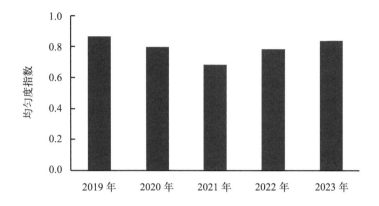

图 4-17　2019—2023 年 8 月同期黄河口海域大型底栖生物均匀度指数

4.5.3　生物多样性指数

2023 年 5 月评价结果显示，黄河口海域大型底栖生物的多样性指数变化范围为 0.568 ~ 4.316，平均值为 2.97。在空间分布上，黄河口南部海域及黄河口门处附近海域大型底栖生物的多样性指数相对较低，最低值出现在广利港北部海域（图 4-18）。

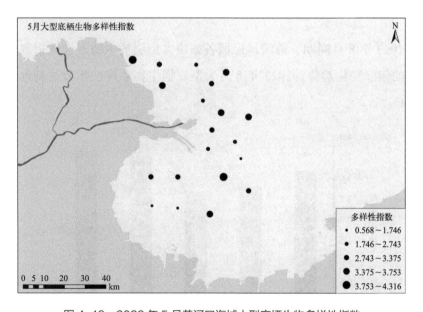

图 4-18　2023 年 5 月黄河口海域大型底栖生物多样性指数

4

2023 年 8 月调查结果显示，黄河口海域大型底栖生物多样性指数变化范围为
0.610 ~ 4.771，平均值为 3.65，较 5 月多样性指数有所升高。在空间分布上，黄河口东
南部海域大型底栖生物多样性指数相对较高，自高值区向西北方向，生物多样性指数整
体呈逐渐降低的变化趋势，总体而言黄河口离岸海域大型底栖生物的多样性指数高于近
岸海域的多样性指数（图 4-19）。

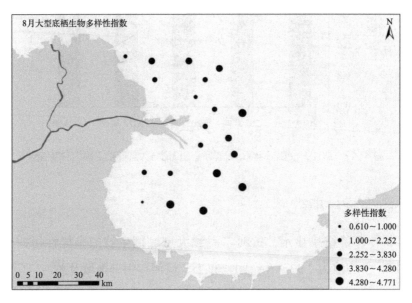

图 4-19　2023 年 8 月黄河口海域大型底栖生物多样性指数

2019—2023 年 8 月同期，黄河口海域各站位大型底栖生物多样性指数平均值呈先
降低后升高的年际变化趋势，2023 年 8 月大型底栖生物多样性指数达到近年来的最大
值（图 4-20）。

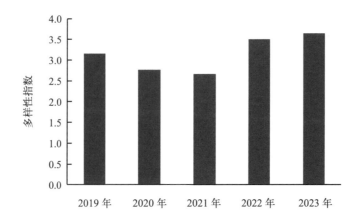

图 4-20　2019—2023 年 8 月同期黄河口海域大型底栖生物多样性指数

4.6　小结

大型底栖生物是海洋生态系统中的一个重要生态类群，是维持健康的海洋生态系统的关键成员。它们在食物链中占据着基础地位。通过捕食和被捕食的关系，底栖生物与其他生物相互作用，共同维持生态平衡。本章以 2023 年 5 月和 8 月的两次现场调查数据为基础，结合 2019 年以来黄河口海域的大型底栖生物历史数据，分析了黄河口海域大型底栖生物的种类组成、密度分布、生物量、优势种等现状及变化趋势，评价了大型底栖生物多样性状况。

2023 年 5 月和 8 月，黄河口海域分别监测到大型底栖生物 98 种和 109 种，密度以软体动物门、环节动物门及节肢动物门较高。2023 年 5 月大型底栖生物优势种主要为光滑篮蛤、寡节甘吻沙蚕和棘刺锚参，8 月大型底栖生物优势种主要为棘刺锚参、寡节甘吻沙蚕、凸壳肌蛤和扁玉螺。2023 年 5 月大型底栖生物密度和生物量均高于 8 月。近年来，黄河口海域大型底栖生物优势种以棘刺锚参最为稳定。

第5章
游泳动物调查与评价

　　游泳动物多样性是生物多样性的重要组成部分，是渔业资源稳定和可持续发展的根本，是实施生物多样性保护与管理必不可少的存在。黄河口海域自然环境条件优越，受径流营养盐输入等因素影响，该海域初级生产力较高，生物饵料充足，能够维持海域内众多渔业资源生物和洄游性鱼类的栖息和繁殖，因此成为多种经济渔业生物特别是鱼类、甲壳类、头足类的主要产卵场、孵幼场、索饵场，黄河口海域低盐度区已经成为重要的海洋渔业经济发展区域。

　　历史资料表明，黄河三角洲海域现鱼类多样性远低于20世纪80年代之前水平，饵料型浮游动物比例下降，导致海域渔业生产力下降，受此影响，高营养级鱼类的数量大量减少。本章以2023年5月、8月和10月的3次现场调查数据为基础，结合黄河口海域的游泳动物历史数据，分析了黄河口海域游泳动物的种类组成、密度分布、生物量、优势种等现状及变化趋势，并评价了游泳动物的多样性状况。

5.1　种类组成

　　2023年5月，调查期间黄河口海域共出现游泳动物种类55种。如图5-1所示，鱼类的种类数最多，共34种，占总种类数的61.82%；甲壳类种类数次之，共17种，占总种类数的30.91%；头足类种类数最少，共4种，占总种类数的7.27%。在空间分布上，黄河口门处附近海域游泳动物的种类数总体较多，而黄河口西北部海域游泳动物的种类数总体较少（图5-2）。

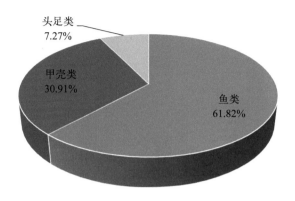

图 5-1　2023 年 5 月黄河口海域游泳动物种类组成

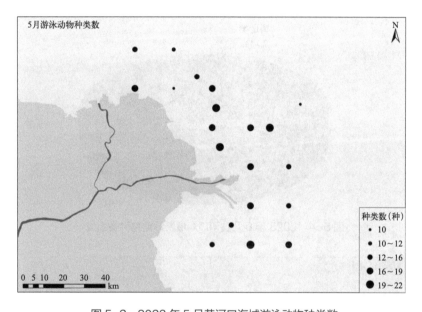

图 5-2　2023 年 5 月黄河口海域游泳动物种类数

近年来，黄河口海域 5 月同期游泳动物中鱼类种类数始终最多，其种类数呈波动变化，2022—2023 年种类数保持稳定（图 5-3）。甲壳类种类数次之，种类数年际变化趋势与鱼类变化趋势基本一致。而头足类种类数最少，近年来种类数保持稳定。

2023 年 8 月，调查期间黄河口海域共出现游泳动物种类 56 种，与 5 月相近。如图 5-4 所示，鱼类种类数最多，共 34 种，占总种类数的 60.72%；甲壳类 18 种，较 5 月增加了 1 种，占 32.14%；头足类 4 种，占 7.14%。在空间分布上，8 月黄河口东部海域游泳动物的种类数总体较多，而西北部及东南部海域种类数相对较少（图 5-5）。

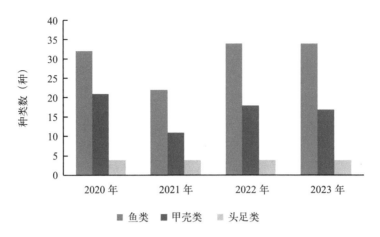

图 5-3　2020—2023 年 5 月同期黄河口海域游泳动物种类

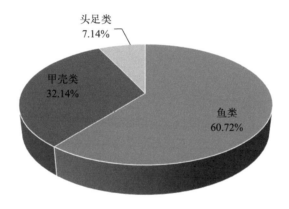

图 5-4　2023 年 8 月黄河口海域游泳动物种类组成

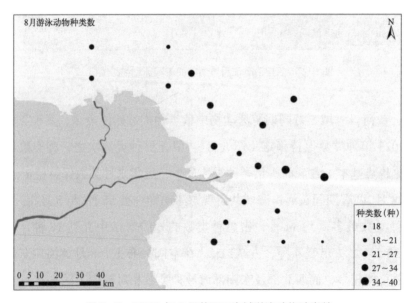

图 5-5　2023 年 8 月黄河口海域游泳动物种类数

近年来，8月黄河口海域游泳动物中鱼类种类数同样占比最高，头足类占比最低，鱼类种类数呈波动变化但整体有所增加，头足类种类数同样保持稳定（图5-6）。

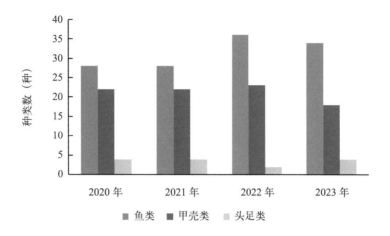

图5-6　2020—2023年8月同期黄河口海域游泳动物种类

2023年10月调查期间，黄河口海域共出现游泳动物种类46种，明显低于5月和8月的种类数。如图5-7所示，鱼类29种，占总种类数的63.05%；甲壳类14种，占30.43%；头足类3种，占6.52%。种类数占比同样为鱼类大于甲壳类大于头足类。在空间分布上，10月黄河口西北部海域游泳动物的种类数明显高于其他海域，南部海域种类数最低（图5-8）。

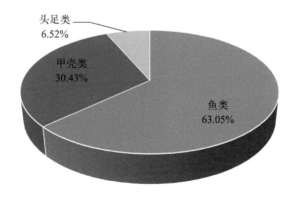

图5-7　2023年10月黄河口海域游泳动物种类组成

5

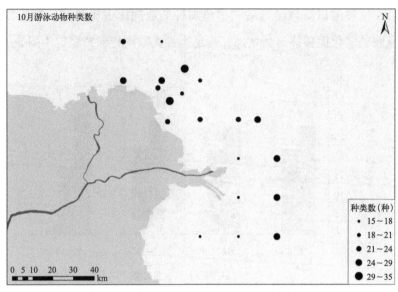

图 5-8　2023 年 10 月黄河口海域游泳动物种类

5.2　密度分布

2023 年 5 月，黄河口海域游泳动物的平均密度为 35.85×10^3 ind./km²。其中，鱼类为 23.58×10^3 ind./km²，占总密度的 65.77%；甲壳类为 10.20×10^3 ind./km²，占 28.44%；头足类为 2.08×10^3 ind./km²，占 5.79%。在空间分布上，黄河口门处海域游泳动物密度相对较低，黄河口东南部海域密度相对较高（图 5-9）。近年来，黄河口海域游泳动物密度在 2022 年出现大幅度增加，而 2023 年又大幅度降低（图 5-10）。

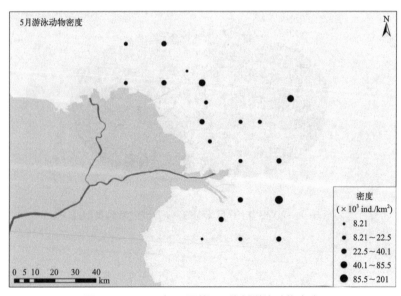

图 5-9　2023 年 5 月黄河口海域游泳动物密度

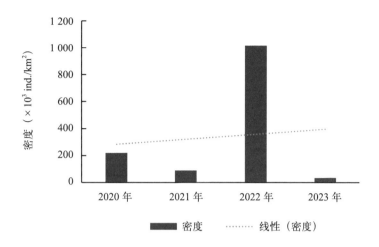

图 5-10　2020—2023 年 5 月同期黄河口海域游泳动物密度

2023 年 8 月，黄河口海域游泳动物的平均密度为 59.07×10^4 ind./km²。其中，鱼类为 47.56×10^4 ind./km²，占总密度的 80.52%；甲壳类为 69.50×10^3 ind./km²，占 11.77%；头足类为 45.59×10^3 ind./km²，占 7.72%。在空间分布上，8 月黄河口海域游泳动物密度较 5 月出现较大幅度的增加，整体而言北部海域游泳动物密度相对高于南部海域（图 5-11）。近年来，黄河口海域 8 月同期游泳动物密度呈逐渐升高的年际变化趋势，2023 年达到近年来的最大值（图 5-12）。

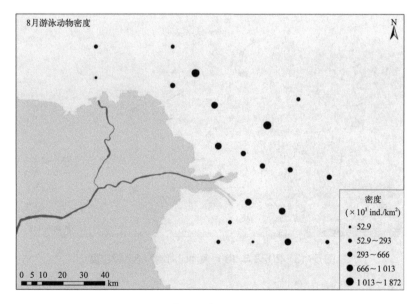

图 5-11　2023 年 8 月黄河口海域游泳动物密度

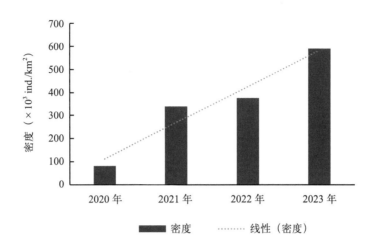

图 5-12　2020—2023 年 8 月同期黄河口海域游泳动物密度

2023 年 10 月，黄河口海域游泳动物的平均密度为 21.47×10^4 ind./km²。其中，鱼类为 75.46×10^3 ind./km²，占总密度的 35.15%；甲壳类 99.65×10^3 ind./km²，占 46.41%；头足类 39.59×10^3 ind./km²，占 18.44%。在空间分布上，黄河口西北部海域游泳动物密度整体较高，而黄河口门近岸海域游泳动物密度整体较低（图 5-13）。

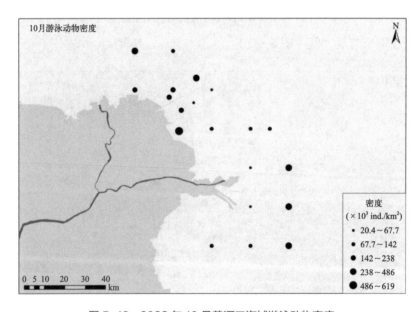

图 5-13　2023 年 10 月黄河口海域游泳动物密度

5.3 生物量

2023 年 5 月，黄河口海域游泳动物的平均生物量为 466.39 kg/km²，分布如图 5-14 所示。其中，鱼类为 398.25 kg/km²，占总生物量的 85.39%；甲壳类为 56.04 kg/km²，占 12.02%；头足类为 12.10 kg/km²，占 2.60%。近年来，5 月同期生物量同密度的变化基本一致，在 2022 年黄河口海域游泳动物生物量出现大幅度增加，在 2023 年又出现大幅度降低（图 5-15）。

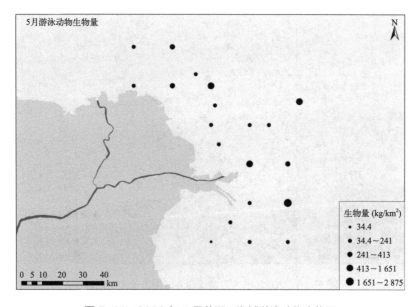

图 5-14　2023 年 5 月黄河口海域游泳动物生物量

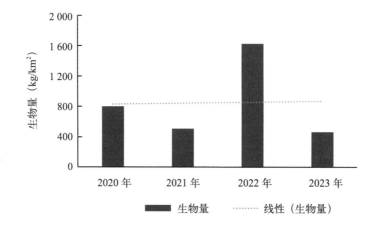

图 5-15　2020—2023 年 5 月同期黄河口海域游泳动物生物量

2023 年 8 月，黄河口海域游泳动物的平均生物量为 5 320.64 kg/km²，较 5 月出现大幅度升高。其中，鱼类为 4 084.95 kg/km²，占总生物量的 76.78%；甲壳类 960.93 kg/km²，占 18.06%；头足类 274.77 kg/km²，占 5.16%。在空间分布上，8 月黄河口门处海域游泳动物生物量相对较低，而口门南北两侧海域游泳动物生物量相对较高（图 5-16）。近年来，黄河口海域 8 月的游泳动物生物量整体呈升高的年际变化趋势，在 2023 年达到近年来的最大值（图 5-17）。

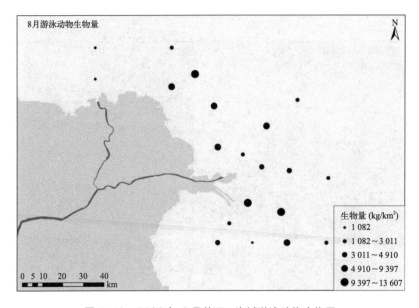

图 5-16　2023 年 8 月黄河口海域游泳动物生物量

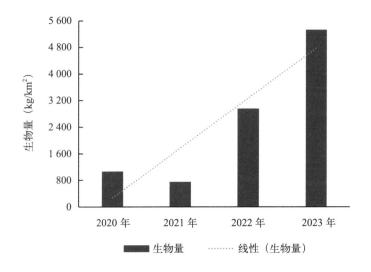

图 5-17　2020—2023 年 8 月同期黄河口海域游泳动物生物量

2023年10月，黄河口海域游泳动物的平均生物量为 1 638.50 kg/km²，分布如图 5–18 所示。10月较8月出现大幅度降低，但高于5月的生物量。其中，鱼类为 686.12 kg/km²，占总生物量的 41.87%；甲壳类为 744.89 kg/km²，占 45.46%；头足类为 207.50 kg/km²，占 12.66%。从空间上看，5月游泳动物分布密集区位于河口低盐区产卵场，8月在河口近海分布均匀，10月分布密集区位于东营港外海。从时间上看，5月、8月游泳动物的生物量和密度逐步升高，10月休渔期结束后有所下降。

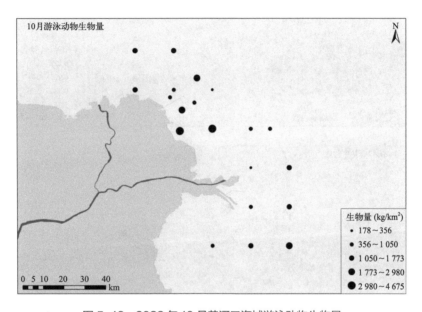

图 5–18　2023 年 10 月黄河口海域游泳动物生物量

5.4　优势种

2023年5月，黄河口海域优势种有3种，分别为赤鼻棱鳀、口虾蛄和黄鲫；重要种有11种，依次为鳀、短吻红舌鳎、枪乌贼、日本鼓虾、普氏缰虾虎鱼、矛尾虾虎鱼、葛氏长臂虾、方氏云鳚、日本褐虾、皮氏叫姑鱼、银鲳。口虾蛄主要分布在东营北部海域以及黄河口东北、东南部离岸海域，如图 5–19 所示。

5

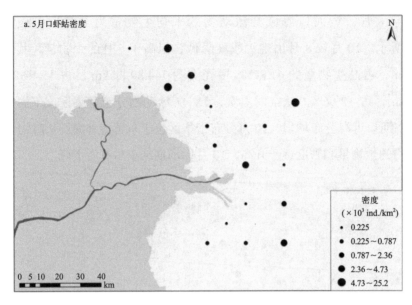

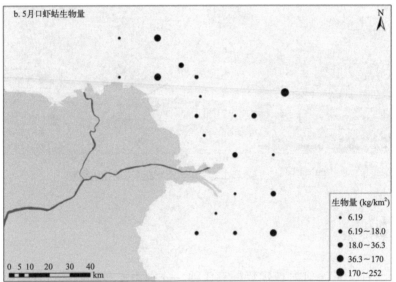

图 5-19 2023 年 5 月黄河口海域口虾蛄密度（a）和生物量（b）

2023 年 8 月，黄河口海域优势种有 6 种，分别为斑鰶、赤鼻棱鳀、口虾蛄、银鲳、枪乌贼和中颌棱鳀；重要种有 11 种，依次为矛尾虾虎鱼、黄鲫、短吻红舌鳎、三疣梭子蟹、皮氏叫姑鱼、白姑鱼、日本蟳、鹰爪虾、斑尾刺虾虎鱼、短蛸、鮨。口虾蛄主要分布在东营北部海域以及黄河口东南部海域，如图 5-20 所示。

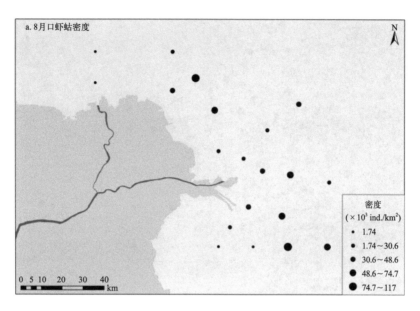

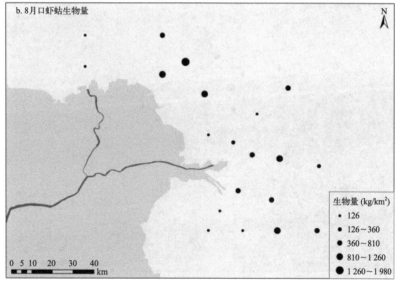

图 5-20　2023 年 8 月黄河口海域口虾蛄密度（a）和生物量（b）

2023 年 10 月，黄河口海域优势种有 4 种，分别为口虾蛄、枪乌贼、黄鲫和戴氏赤虾；重要种有 13 种，依次为三疣梭子蟹、鹰爪虾、短吻红舌鳎、矛尾虾虎鱼、日本蟳、日本褐虾、皮氏叫姑鱼、斑尾刺虾虎鱼、日本鼓虾、普氏缰虾虎鱼、赤鼻棱鳀、鲛、银鲳。口虾蛄主要分布在东营北部海域，如图 5-21 所示。

2020—2023 年 5 月和 8 月同期黄河口海域游泳动物优势种如表 5-1 表示。

5

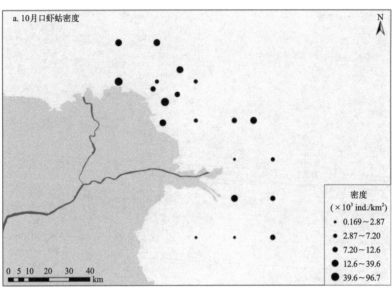

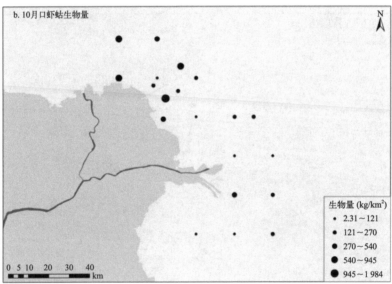

图 5-21　2023 年 10 月黄河口海域口虾蛄密度（a）和生物量（b）

表 5-1　2020—2023 年 5 月和 8 月同期黄河口海域游泳动物优势种

年份	5月优势种	8月优势种
2020	矛尾虾虎鱼、短吻红舌鳎、日本鼓虾、口虾蛄	矛尾虾虎鱼、短吻红舌鳎、口虾蛄、斑鰶
2021	矛尾虾虎鱼	矛尾虾虎鱼、短吻红舌鳎、日本鼓虾
2022	矛尾虾虎鱼、口虾蛄	口虾蛄、矛尾虾虎鱼、黄鲫、三疣梭子蟹、短吻红舌鳎
2023	赤鼻棱鳀、口虾蛄、黄鲫	斑鰶、赤鼻棱鳀、口虾蛄、银鲳、枪乌贼、中颌棱鳀

5.5　多样性评价

2023 年 5 月，黄河口海域游泳动物的生物种类多样性指数平均值为 1.83，变化范围为 0.93 ~ 2.24；物种均匀度指数平均值为 0.67，变化范围为 0.34 ~ 0.83；物种丰富度指数平均值为 1.48，变化范围为 0.81 ~ 2.06。近年来，5 月同期黄河口海域游泳动物的物种多样性指数基本保持稳定，物种均匀度指数整体略有升高，种类丰富度指数在 2022 年达到最大后出现大幅度降低（图 5-22）。

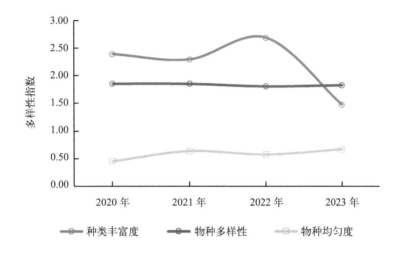

图 5-22　2020—2023 年 5 月同期黄河口海域游泳动物多样性指数

2023 年 8 月，黄河口海域生物种类多样性指数平均值为 1.41，变化范围为 1.18 ~ 1.55；物种均匀度指数平均值为 0.89，变化范围为 0.75 ~ 0.98；物种丰富度指数平均值为 1.75，变化范围为 1.40 ~ 2.11。近年来，8 月同期黄河口海域游泳动物的物种多样性指数与种类丰富度指数变化趋势基本一致（图 5-23）。在 2022 年达到最大后出现一定程度的降低，而物种均匀度指数呈逐年升高的变化趋势。

2023 年 10 月，黄河口海域生物种类多样性指数平均值为 2.86，变化范围为 2.36 ~ 3.63；物种均匀度指数平均值为 0.67，变化范围为 0.55 ~ 0.85；物种丰富度指数平均值为 1.62，变化范围为 1.04 ~ 2.00。

5

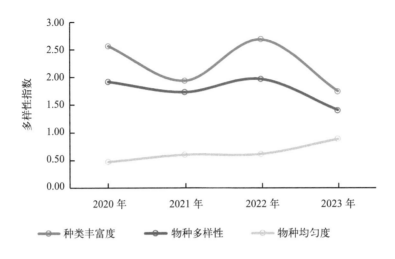

图 5-23　2020—2023 年 8 月同期黄河口海域游泳动物多样性指数

5.6　小结

本章以 2023 年 3 次黄河口海域的游泳动物现场调查数据为基础，结合历史数据，分析了黄河口海域游泳动物的种类组成、密度分布、生物量、优势种等现状及变化趋势，并评价了游泳动物的多样性状况。分析结果显示，黄河口海域游泳动物种类数较稳定，游泳动物 5 月和 8 月在河口近海分布较均匀，鱼类（生物量）占比较高；10 月主要分布于河口以北海域，甲壳动物（生物量）占比较高。2020—2023 年 5 月同期密度和生物量均以 2022 年最高，主要原因为矛尾虾虎鱼的大量繁殖，8 月密度和生物量呈现逐年上升趋势。优势种无明显更替，口虾蛄为 3 个季节主要优势种。游泳动物种类多样性指数以 10 月调查最高，物种丰富度和均匀度指数以 8 月最高，种类丰富度和物种多样性指数以 2022 年最高，2023 年最低，均匀度指数以 2023 年最高，2020 年最低，游泳动物多样性总体较稳定。

第6章
鱼卵及仔稚鱼调查与评价

鱼卵和仔稚鱼作为鱼类生活史的早期发育阶段，在海洋生态系统中扮演着至关重要的角色。鱼卵、仔稚鱼在海洋食物链中是重要的被捕食者，而仔稚鱼又是次级生产力的消费者，二者是海洋鱼类资源补充和可持续利用的基础，其数量分布和变化对维持海洋生态系统的平衡具有重要意义。鱼卵、仔稚鱼在黄河口海域生态系统中扮演了重要的角色，黄河口海域鱼卵、仔稚鱼的种类组成、数量分布、群落结构及多样性分布差异也是评估黄河口海域渔业资源补充量及黄河口生态系统健康状况的重要指标。本章以 2023 年 5 月、8 月和 10 月的 3 次现场调查数据为基础，结合近年来黄河口海域的鱼卵、仔稚鱼历史数据，分析了黄河口海域鱼卵、仔稚鱼的种类组成、密度分布、优势种等现状及变化趋势。

6.1 种类组成

6.1.1 鱼卵

2023 年 5 月，黄河口海域共采集到鱼卵种类 8 种，分别为斑鰶、小黄鱼、多鳞鱚、鯷、赤鼻棱鳀、小带鱼、白姑鱼和长蛇鲻。其中，斑鰶出现频次最高，占比为 30.56%，其次为小黄鱼，出现频次占比为 22.22%，多鳞鱚和鯷出现频次相同，占比均为 13.89%（图 6-1）。在空间分布上，黄河口西北部海域和东南部离岸海域鱼卵种类相对较多，黄河口门南北两侧近岸海域鱼卵种类相对较少（图 6-2）。近年来，黄河口海域鱼卵的种类数呈波动变化，但总体有升高的趋势，2023 年种类数达到最多（图 6-3）。

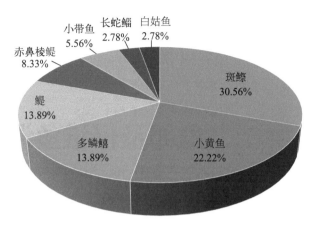

图 6-1　2023 年 5 月黄河口海域鱼卵出现频次占比

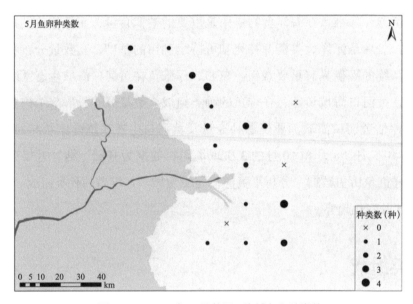

图 6-2　2023 年 5 月黄河口海域鱼卵种类数

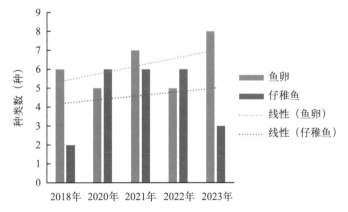

图 6-3　2018 年、2020—2023 年 5 月同期黄河口海域鱼卵、仔稚鱼种类数

2023 年 8 月，黄河口海域共采集到鱼卵种类 7 种，分别为短吻红舌鳎、多鳞鱚、小带鱼、斑鰶、黄鲫、小黄鱼和中颌棱鯷。其中，短吻红舌鳎出现频次最高，占比为 37.04%，其次为多鳞鱚和小带鱼，出现频次占比分别为 22.22% 和 14.81%（图 6-4）。在空间分布上，8 月黄河口海域的鱼卵主要分布在调查海域的西北和东南部海域，而黄河口门北部及东北方向海域，鱼卵分布较少，部分站位未采集到鱼卵（图 6-5）。在时间上，2018 年 8 月与 2020 年 8 月黄河口海域鱼卵种类数持平，2022 年 8 月与 2023 年 8 月种类数持平，总体而言 8 月黄河口海域鱼卵种类数呈升高的年际变化趋势（图 6-6）。

2023 年 10 月，黄河口海域共采集到鱼卵种类 2 种，少于 5 月和 8 月的种类数，分别为鳀和花鲈，出现频次占比分别为 77.78% 和 22.22%（图 6-7）。在空间分布上，10 月黄河口海域鱼卵主要分布在东营北部海域，同时在莱州湾中部海域的一个站位也采集到了鱼卵（图 6-8）。

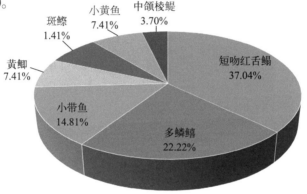

图 6-4 2023 年 8 月黄河口海域鱼卵出现频次占比

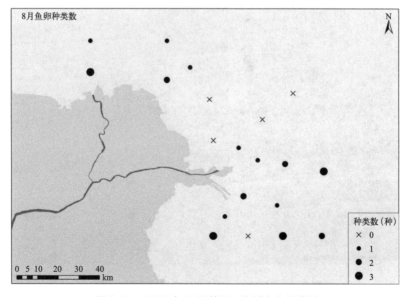

图 6-5 2023 年 8 月黄河口海域鱼卵种类数

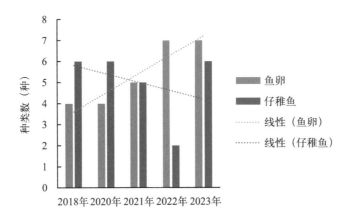

图 6-6　2018 年、2020—2023 年 8 月同期黄河口海域鱼卵、仔稚鱼种类数

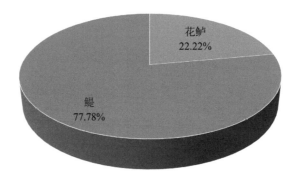

图 6-7　2023 年 10 月黄河口海域鱼卵出现频次占比

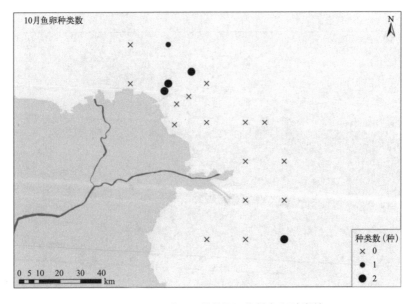

图 6-8　2023 年 10 月黄河口海域鱼卵种类数

6.1.2 仔稚鱼

2023 年 5 月,黄河口海域共采集到仔稚鱼种类 3 种,分别为鲹、布氏银汉鱼和虾虎鱼,出现频次占比分别为 75.00%、12.50% 和 12.50%(图 6-9)。在空间分布上,5 月黄河口海域仔稚鱼分布相对集中,主要分布在东营北部海域以及黄河口南部海域,而黄河口门附近海域未采集到仔稚鱼(图 6-10)。近年来,黄河口海域 5 月仔稚鱼种类数呈波动变化,其中 2018 年种类数最少,2020—2022 年仔稚鱼种类数持平,2023 年有所降低。

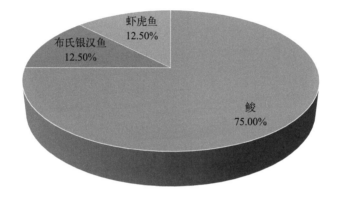

图 6-9 2023 年 5 月黄河口海域仔稚鱼出现频次占比

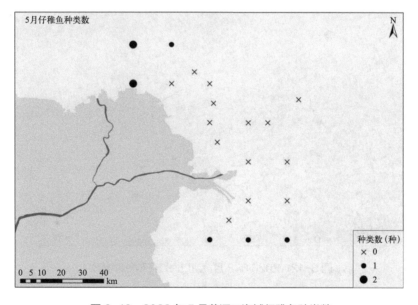

图 6-10 2023 年 5 月黄河口海域仔稚鱼种类数

2023 年 8 月,黄河口海域共采集到仔稚鱼种类 6 种,分别为日本下鱵、中颌棱鳀、斑鰶、鲛、虾虎鱼和布氏银汉鱼。其中，日本下鱵出现频次最高，占比为28.57%，其次为中颌棱鳀，出现频次占比为21.43%（图6-11）。在空间分布上，8月黄河口海域仔稚鱼的分布相对分散（图6-12）。2018—2022年8月同期，黄河口海域仔稚鱼种类呈降低的年际变化趋势，2023年恢复到2018年水平。

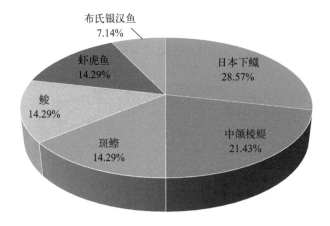

图6-11　2023年8月黄河口海域仔稚鱼出现频次占比

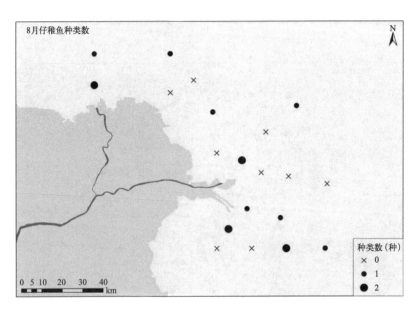

图6-12　2023年8月黄河口海域仔稚鱼种类数

2023年10月，在黄河口海域共采集仔稚鱼种类2种，同样少于5月和8月的种类数，分别为鳀和花鲈，出现频次占比分别为83.33%和16.67%（图6-13）。在空间分布上，10月黄河口海域的仔稚鱼主要分布在东营东北部海域（图6-14）。

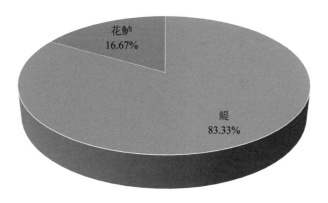

图 6-13　2023 年 10 月黄河口海域仔稚鱼出现频次占比

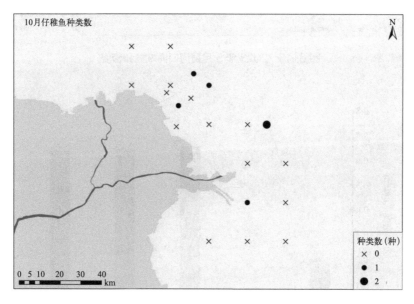

图 6-14　2023 年 10 月黄河口海域仔稚鱼种类数

6.2　密度分布

6.2.1　鱼卵

　　2023 年 5 月，黄河口海域鱼卵密度均值为 0.63 ind./m³，其在空间分布上较为广泛，大部分站位都采集到了鱼卵，黄河口门北部附近海域鱼卵密度相对较高，在东营北部近岸海域存在鱼卵密度的最高值（图 6-15）。自 2021 年以来，黄河口海域 5 月同期鱼卵密度相对稳定，较 2020 年及以前有大幅度的升高（图 6-16）。

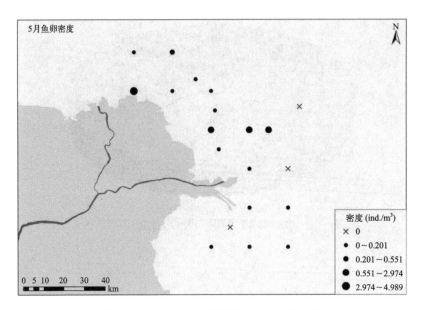

图 6-15　2023 年 5 月黄河口海域鱼卵密度

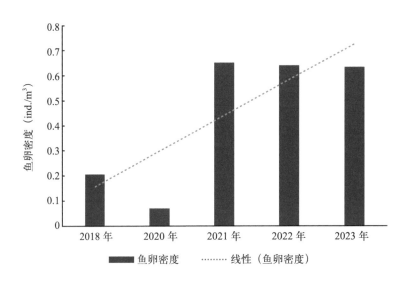

图 6-16　2018 年、2020—2023 年 5 月同期黄河口海域鱼卵密度

　　2023 年 8 月，黄河口海域鱼卵密度均值为 0.23 ind./m³，相比于 5 月出现较大幅度降低。在空间分布上，黄河口东南部海域鱼卵密度相对较大，而黄河口门北部海域部分站位未采集到鱼卵（图 6-17）。2018 年以来，黄河口海域 8 月同期鱼卵密度除在 2021 年出现大幅度增加外，其余年份鱼卵密度相差不大且维持在较低水平，其中 2022 年 8 月鱼卵密度为近年来最低（图 6-18）。

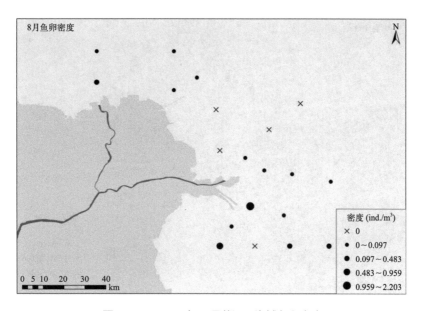

图 6-17　2023 年 8 月黄河口海域鱼卵密度

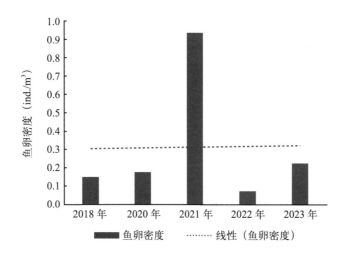

图 6-18　2018 年、2020—2023 年 8 月同期黄河口海域鱼卵密度

2023 年 10 月，黄河口海域鱼卵密度均值为 0.03 ind./m³，远低于 5 月和 8 月的鱼卵密度。在空间分布上，2023 年 10 月大部分站位未采集到鱼卵，鱼卵分布主要集中在东营北部海域（图 6-19）。

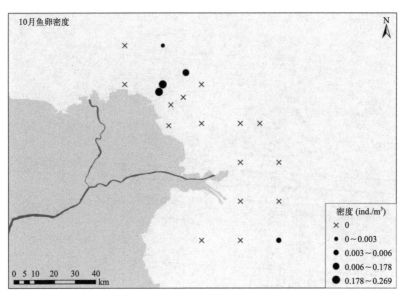

图6-19　2023年10月黄河口海域鱼卵密度

6.2.2　仔稚鱼

2023年5月，黄河口海域仔稚鱼的密度均值为0.017 ind./m³。在空间上，5月黄河口海域仔稚鱼的分布相对集中，主要分布在东营北部海域以及调查海域南部，而黄河口门周边海域未采集到仔稚鱼（图6-20）。近年来，黄河口海域5月同期仔稚鱼的密度呈波动变化且变化幅度较大，其中2022年5月仔稚鱼的密度明显高于其他年份，而2023年5月仔稚鱼的密度达到近年来的最低水平（图6-21）。

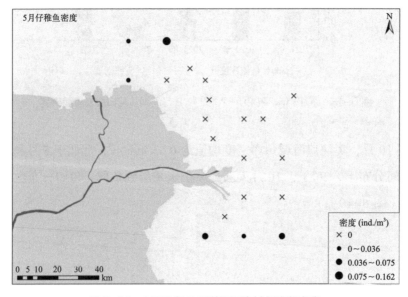

图6-20　2023年5月黄河口海域仔稚鱼密度

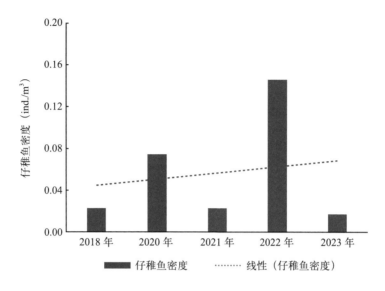

图 6-21　2018 年、2020—2023 年 5 月同期黄河口海域仔稚鱼密度

　　2023 年 8 月，黄河口海域仔稚鱼的密度均值为 0.006 ind./m³，较 5 月仔稚鱼密度有所降低。在空间上，8 月黄河口海域仔稚鱼的分布较 5 月更为广泛，除在东营北部海域以及河口南部海域有分布外，在河口北部海域也有仔稚鱼的出现，在黄河口门处出现仔稚鱼密度的最高值（图 6-22）。近年来，黄河口海域 8 月同期仔稚鱼的密度也呈较为剧烈的波动变化，其中 2022 年仔稚鱼的密度最大，2020 年密度最小，2020—2022 年仔稚鱼密度呈逐年升高的趋势，2023 年又有所降低（图 6-23）。

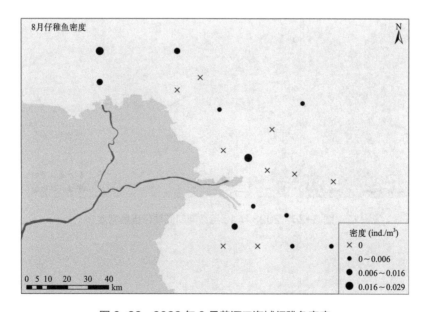

图 6-22　2023 年 8 月黄河口海域仔稚鱼密度

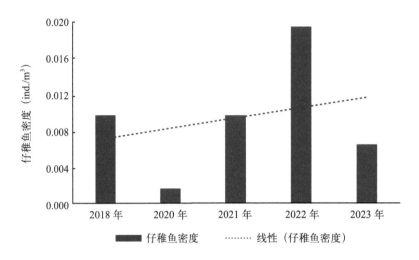

图6-23　2018年、2020—2023年8月同期黄河口海域仔稚鱼密度

2023年10月，黄河口海域仔稚鱼密度均值为0.003 ind./m³，低于5月和8月仔稚鱼的密度。10月黄河口海域只有5个站位出现了仔稚鱼，主要分布在东营东北部海域，而黄河口南部海域几乎未出现仔稚鱼（图6-24）。

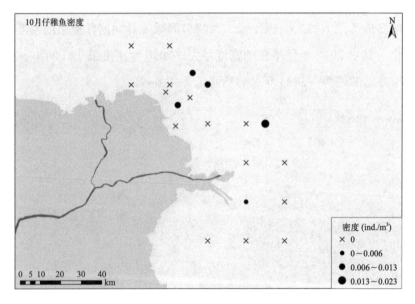

图6-24　2023年10月黄河口海域仔稚鱼密度

6.3 优势种

6.3.1 鱼卵

2023 年 5 月调查期间，黄河口海域鱼卵优势种有 1 种，为斑鰶；重要种有 2 种，分别为鳀和小黄鱼。优势种斑鰶的分布较为广泛，在河口北部和南部均有分布，但口门东北方向海域未采集到鱼卵，最高密度出现在东营北部近岸海域（图 6-25）。

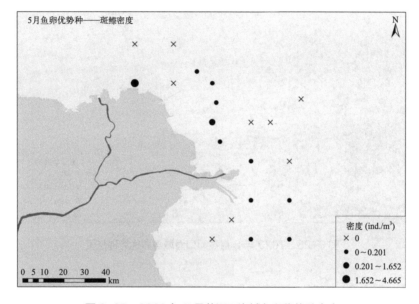

图 6-25　2023 年 5 月黄河口海域鱼卵优势种密度

近年来，黄河口海域 5 月鱼卵的优势种主要为斑鰶和短吻红舌鳎，其中斑鰶在 2020—2023 年连续 4 年成为黄河口海域 5 月的优势种，同时 2021 年 5 月和 2022 年 5 月多鳞鱚也成为黄河口海域的优势种（表 6-1）。

表 6-1　2018 年、2020—2023 年 5 月同期黄河口海域鱼卵、仔稚鱼优势种历史变化

年份	鱼卵优势种	仔稚鱼优势种
2018	短吻红舌鳎	鳀
2020	斑鰶	斑鰶
2021	斑鰶、短吻红舌鳎、多鳞鱚	矛尾虾虎鱼
2022	斑鰶、短吻红舌鳎、多鳞鱚	鳀、矛尾虾虎鱼
2023	斑鰶	鲹

6

2023 年 8 月调查期间，黄河口海域鱼卵优势种有 1 种，为短吻红舌鳎；重要种有 1 种，为多鳞鱚。优势种短吻红舌鳎主要集中分布在黄河入海口门东部及南部海域，而河口北部海域分布较少，短吻红舌鳎已连续多年成为黄河口海域 8 月的鱼卵优势种（图 6-26）。

2018 年、2020—2023 年 8 月同期黄河口海域鱼卵、仔稚鱼优势种如表 6-2 所示。

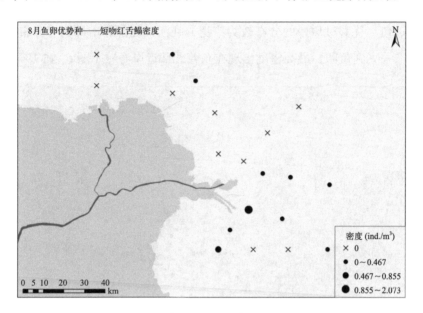

图 6-26　2023 年 8 月黄河口海域鱼卵优势种密度

表 6-2　2018 年、2020—2023 年 8 月同期黄河口海域鱼卵、仔稚鱼优势种历史变化

年份	鱼卵优势种	仔稚鱼优势种
2018	短吻红舌鳎	赤鼻棱鳀、鳀
2020	短吻红舌鳎	中颌棱鳀
2021	短吻红舌鳎、斑鰶、多鳞鱚	日本下鱵、虾虎鱼
2022	短吻红舌鳎、半滑舌鳎	鳀
2023	短吻红舌鳎	斑鰶

2023 年 10 月调查期间，黄河口海域鱼卵优势种有 1 种，为鳀，其集中分布在东营北部的小范围海域内，而黄河入海口门周边海域均未出现（图 6-27）。

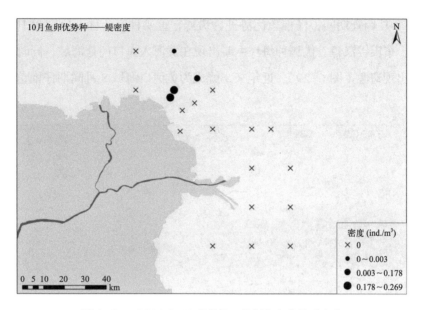

图 6-27　2023 年 10 月黄河口海域鱼卵优势种密度

6.3.2　仔稚鱼

　　2023 年 5 月调查期间，黄河口海域仔稚鱼的优势种为鮻，其在空间上分布相对集中，主要出现在东营北部及河口南部海域（图 6-28）。近年来，黄河口海域 5 月同期仔稚鱼的优势种以鳀和矛尾虾虎鱼出现次数最多，斑鰶和鮻分别在 2020 年 5 月和 2023 年 5 月成为黄河口海域仔稚鱼的优势种。

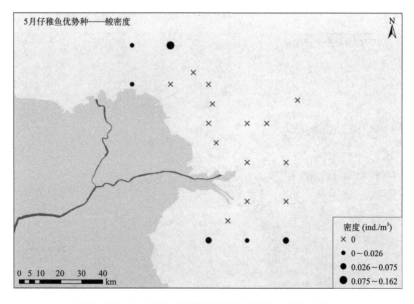

图 6-28　2023 年 5 月黄河口海域仔稚鱼优势种密度

2023年8月调查期间，仔稚鱼优势种为斑鰶，重要种有4种，分别为中颌棱鯷、日本下鱵、鲹、布氏银汉鱼。优势种斑鰶主要出现在黄河入海口门处海域，同时在河口南部部分站位也出现斑鰶（图6-29）。近年来，鯷成为黄河口海域8月同期仔稚鱼优势种的频次最高。

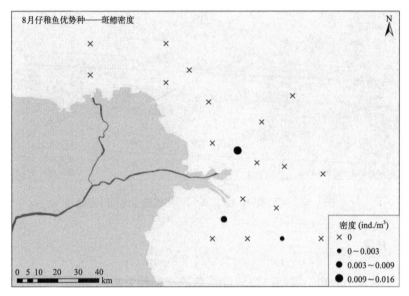

图6-29　2023年8月黄河口海域仔稚鱼优势种密度

2023年10月调查期间，黄河口海域仔稚鱼优势种为鯷。其主要分布在黄河入海口门东北方向海域和东营东北方向海域，而河口东部和南部海域仅有一个站位出现了鯷（图6-30）。

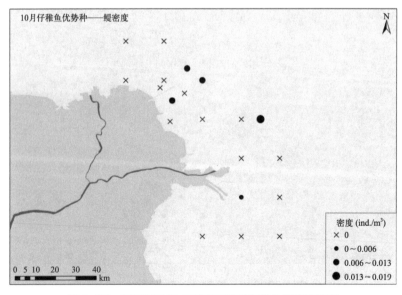

图6-30　2023年10月黄河口海域仔稚鱼优势种密度

6.4　小结

　　本章以 2023 年 3 次黄河口海域的鱼卵、仔稚鱼的现场调查数据为基础，结合历史数据，分析了黄河口海域鱼卵、仔稚鱼的种类组成、密度分布、生物量、优势种等现状及变化趋势。2023 年，黄河口海域鱼卵种类数以 5 月最多，仔稚鱼种类数以 8 月最多。2023 年 5 月，黄河口海域鱼卵以斑鲦出现频次最高，仔稚鱼以鲹出现频次最高。2023 年 8 月鱼卵以短吻红舌鳎出现频次最高，仔稚鱼以日本下鱵出现频次最高，10 月鱼卵、仔稚鱼均以鲲出现频次最高。2023 年，黄河口海域鱼卵、仔稚鱼密度均以 5 月最高，10 月最低。2021—2023 年 5 月同期，黄河口海域鱼卵密度明显高于 2021 年以前，2021 年 8 月鱼卵密度明显高于其他年份 8 月同期。2022 年 5 月和 8 月，黄河口海域仔稚鱼密度为近年来同期最高值。黄河口海域鱼卵优势种主要为斑鲦、鲲、短吻红舌鳎，仔稚鱼优势种主要为鲹、斑鲦和鲲，近 5 年优势种无明显更替。

6

第7章 结 论

7.1 海水环境

自 2019 年以来，黄河口海域 8 月水质整体优于 5 月，近年来该海域主要超标物质均为无机氮。从空间分布来看，2023 年 5 月及 8 月无机氮含量的高值区均主要位于黄河入海口近岸海域，尤其是入海口北部近岸海域，无机氮含量最高，而该处海域盐度最低，说明黄河口海域无机氮含量受黄河径流输入的影响显著，5 月和 8 月无机氮与盐度的显著负相关性（相关系数分别达到 −0.882 和 −0.890）也证明了这一点。从时间上来看，2023 年 5 月无机氮含量高于 8 月，虽然 8 月黄河径流营养盐输入较高（已引起河口附近海域出现轻度富营养化），但由于夏季受水温及光照等因素影响，浮游植物生长旺盛，会大量消耗无机氮，导致整个调查海域内无机氮浓度较 5 月下降明显。这也是近年来调查海域 8 月水质整体优于 5 月的重要原因。

7.2 沉积物环境

2023 年 5 月和 8 月，黄河口海域沉积物中的有机碳、硫化物、铜、铅、锌、铬、镉、砷、总汞及石油类含量均符合第一类海洋沉积物质量标准，等级为优的站位比例均为 100%，未出现沉积物指标超标的情况。沉积物综合质量评价结果为优。近 5 年的结果显示，黄河口海域沉积物质量等级均为优，沉积物环境状况较好。

7.3 海洋生物生态

7.3.1 浮游植物

2023 年 5 月和 8 月，黄河口调查海域分别监测到 31 种和 57 种浮游植物，均以硅藻占主要优势。8月黄河口海域浮游植物细胞密度较5月出现大幅度增加，约是5月浮游植物细胞密度的24倍。2023年5月黄河口海域浮游植物优势种主要为斯氏几内亚藻和夜光藻，8月优势种主要为尖刺伪菱形藻和中肋骨条藻。2023年5月黄河口海域浮游植物多样性指数为1.36，低于8月多样性指数（2.58），5月浮游植物丰富度指数为0.57，低于8月丰富度指数（1.40），5月浮游植物均匀度指数为0.45，同样低于8月均匀度指数（0.59）。

7.3.2　浮游动物

2023年5月，黄河口海域监测到浮游动物（Ⅰ型网）30种，桡足类种类数占比最高。2023年8月，监测到浮游动物53种，浮游幼虫种类数占比最高，浮游动物种类数整体呈升高的年际变化趋势。2023年8月，黄河口海域浮游动物密度较5月出现了较大幅度的升高，8月浮游动物生物量较5月也出现了大幅度的升高。2023年5月黄河口海域浮游动物优势种主要为中华哲水蚤、长尾类幼虫、强壮滨箭虫等，8月优势种主要为球型侧腕水母、中华哲水蚤、强壮滨箭虫等。自2019年以来，黄河口海域浮游动物优势种相对稳定，总体以桡足类、刺胞动物、毛颚动物为主。2023年8月黄河口海域浮游动物多样性指数、丰富度指数较5月均有所升高。

7.3.3　大型底栖生物

2023年5月和8月，黄河口海域分别监测到大型底栖生物98种和109种，种类数以软体动物门、环节动物门及节肢动物门较高。2023年5月大型底栖生物优势种主要为光滑篮蛤、寡节甘吻沙蚕和棘刺锚参，8月优势种主要为棘刺锚参、寡节甘吻沙蚕、凸壳肌蛤和扁玉螺。2023年5月大型底栖生物密度和生物量均高于8月。近年来，黄河口海域大型底栖生物优势种以棘刺锚参最为稳定。

7.3.4　游泳动物

黄河口海域游泳动物种类数较稳定，2023年5月和8月游泳动物在河口近海分布较均匀，鱼类（生物量）占比较高，10月游泳动物主要分布于河口以北海域，甲壳动物（生物量）占比较高。2020—2023年，5月同期游泳动物密度和生物量均以2022年最高，主要原因为矛尾虾虎鱼的大量繁殖，8月同期游泳动物密度和生物量呈现逐年上升趋势。调查海域优势种无明显更替，口虾蛄为3个季节主要优势种。游泳动物种类多样性指数以10月最高，丰富度和均匀度指数以8月最高，丰富度和多样性指数以2022年最高，2023年最低，均匀度指数以2023年最高，2020年最低，游泳动物多样性总体较稳定。

7.3.5 鱼卵、仔稚鱼

2023年，黄河口海域鱼卵种类数以5月最多，仔稚鱼种类数以8月最多。2023年5月，黄河口海域鱼卵以斑鰶出现频次最高，仔稚鱼以鲅出现频次最高。2023年8月，鱼卵以短吻红舌鳎出现频次最高，仔稚鱼以日本下鱵出现频次最高；10月鱼卵、仔稚鱼均以鳀出现频次最高。2023年，黄河口海域鱼卵和仔稚鱼密度均以5月份最高，10月份最低。2021—2023年5月同期，黄河口海域鱼卵密度明显高于2021年以前，2021年8月鱼卵密度明显高于其他年份8月同期。2022年5月和8月，黄河口海域仔稚鱼密度为近年来同期最高值。黄河口海域鱼卵优势种主要为斑鰶、鳀、短吻红舌鳎，仔稚鱼优势种主要为鲅、斑鰶和鳀，近5年优势种无明显更替。

附录　种类目录

A1. 浮游植物物种名录

序号	生物种中文学名	生物种拉丁学名	5月	8月
1	双孢角毛藻	*Chaetoceros didymus*		+
2	透明辐杆藻	*Bacteriastrum hyalinum*		+
3	角毛藻属	*Chaetoceros* sp.	+	+
4	中肋骨条藻	*Skeletonema costatum*	+	+
5	舟形藻属	*Navicula* sp.		+
6	泰晤士旋鞘藻	*Helicotheca tamesis*	+	+
7	暹罗角毛藻	*Chaetoceros siamense*		+
8	刚毛根管藻	*Rhizosolenia setigera*	+	+
9	窄面角毛藻	*Chaetoceros paradoxus*		+
10	圆柱角毛藻	*Chaetoceros teres*	+	+
11	扭链角毛藻	*Chaetoceros tortissimus*		+
12	圆筛藻属	*Coscinodiscus* sp.	+	+
13	蛇目圆筛藻	*Coscinodiscus argus*	+	+
14	劳氏角毛藻	*Chaetoceros lorenzianus*		+
15	尖刺伪菱形藻	*Pseudo-nitzschia pungens*	+	+
16	旋链角毛藻	*Chaetoceros curvisetus*	+	+
17	大洋角管藻	*Cerataulina pelagica*		+

续表

序号	生物种中文学名	生物种拉丁学名	5月	8月
18	翼根管藻印度变型	*Proboscia indica*		+
19	伏氏海线藻	*Thalassionema frauenfeldii*	+	+
20	布氏双尾藻	*Ditylum brightwellii*		+
21	夜光藻	*Noctiluca scintillans*	+	+
22	虹彩圆筛藻	*Coscinodiscus oculus-iridis*	+	+
23	威利圆筛藻	*Coscinodiscus wailesii*	+	+
24	菱形海线藻	*Thalassionema nitzschioides*		+
25	琼氏圆筛藻	*Coscinodiscus jonesianus*	+	+
26	格氏圆筛藻	*Coscinodiscus granii*	+	+
27	海洋斜纹藻	*Pleurosigma pelagicum*	+	+
28	薄壁儿内亚藻	*Guinardia flaccida*		+
29	高齿状藻	*Odontella regia*		+
30	柔弱伪菱形藻	*Pseudo-nitzschia delicatissima*	+	+
31	深环沟角毛藻	*Chaetoceros constrictus*		+
32	新月菱形藻	*Ceratoneis closterium*	+	+
33	洛伦菱形藻	*Nitzschia lorenziana*	+	+
34	斯氏几内亚藻	*Guinardia striata*	+	+
35	密连角毛藻	*Chaetoceros densus*	+	+
36	斜纹藻属	*Pleurosigma* sp.	+	+
37	冰河拟星杆藻	*Asterionellopsis glacialis*		+
38	丹麦细柱藻	*Leptocylindrus aporus*	+	+
39	长菱形藻	*Nitzschia longissima*	+	+
40	六幅辐裥藻	*Actinoptychus senarius*	+	+
41	脆指管藻	*Dactyliosolen fragilissimus*		+

续表

序号	生物种中文学名	生物种拉丁学名	5月	8月
42	环纹娄氏藻	*Lauderia annulata*		+
43	海链藻属	*Thalassiosira* sp.		+
44	卡氏角毛藻	*Chaetoceros castracanei*		+
45	罗氏角毛藻	*Chaetoceros lauderi*		+
46	短角弯角藻	*Eucampia zodiacus*		+
47	小等刺硅鞭藻	*Dictyocha fibula*		+
48	端尖斜纹藻	*Pleurosigma acutum*		+
49	羽纹藻属	*Pinnularia* sp.	+	+
50	五角原多甲藻	*Protoperidinium pentagonum*		+
51	三角角藻	*Ceratium tripos*	+	+
52	大角角藻	*Ceratium macroceros*		+
53	海洋原多甲藻	*Protoperidinium oceanicum*		+
54	柔弱角毛藻	*Chaetoceros debilis*		+
55	辐杆藻属	*Bacteriastram* sp.		+
56	掌状冠盖藻	*Stephanopyxis palmeriana*		+
57	哈德掌状藻	*Palmerina hardmaniana*		+
58	具槽帕拉藻	*Paralia sulcata*	+	
59	针杆藻属	*Synedra* sp.	+	
60	裸藻属	*Euglena* sp.	+	
61	中华齿状藻	*Odontella sinensis*	+	

A2. 浮游动物物种名录

序号	类群	生物种中文学名	生物种拉丁学名	5月	8月
1	毛颚动物门	强壮滨箭虫	*Aidanosagitta crassa*	+	+
2	浮游幼虫	双壳类壳顶幼虫	*Bivalvia* larva	+	+
3	浮游幼虫	长尾类幼虫	*Maeruran* larva	+	+
4	浮游幼虫	短尾类溞状幼虫	*Brachyura Zoea* larva	+	+
5	桡足类	拟长腹剑水蚤	*Oithona similis*	+	+
6	桡足类	洪氏纺锤水蚤	*Acartia hongi*	+	+
7	刺胞动物门	锡兰和平水母	*Eirene ceylonensis*		+
8	桡足类	中华哲水蚤	*Calanus sinicus*	+	+
9	栉板动物门	球型侧腕水母	*Pleurobrachia globosa*	+	+
10	刺胞动物门	双手水母	*Amphinema dinema*		+
11	桡足类	圆唇角水蚤	*Labidocera rotunda*	+	+
12	桡足类	太平洋纺锤水蚤	*Acartia pacifica*		+
13	桡足类	真刺唇角水蚤	*Labidocera euchaeta*		+
14	刺胞动物门	茎鲍螅水母	*Bougainvillia muscus*		+
15	刺胞动物门	细颈和平水母	*Eirene menoni*		+
16	十足类	中国毛虾	*Acetes chinensis*		+
17	刺胞动物门	灯塔水母	*Turritopsis nutricula*		+
18	浮游幼虫	多毛类幼虫	*Polychaeta* larva	+	+
19	刺胞动物门	蟹形和平水母	*Eirene kambara*	+	+
20	刺胞动物门	嵊山秀氏水母	*Sugiura chengshanense*	+	+
21	浮游幼虫	海豆芽舌贝幼虫	*Lingula* larva		+
22	浮游幼虫	短尾类大眼幼虫	*Brachyura Megalopa* larva	+	+
23	桡足类	背针胸刺水蚤	*Centropages dorsispinatus*		+

序号	类群	生物种中文学名	生物种拉丁学名	5月	8月
24	刺胞动物门	卡玛拉水母	*Malagazzia carolinae*		+
25	浮游幼虫	海胆纲长腕幼虫	*Echinopluteus* larva		+
26	刺胞动物门	半球美螅水母	*Clytia hemisphaerica*	+	+
27	浮游幼虫	蛇尾纲长腕幼虫	*Ophiopluteus* larva		+
28	刺胞动物门	不列颠鲍螅水母	*Bougainvilliabritannica*		+
29	刺胞动物门	四枝管水母	*Proboscidactyla flavicirrata*		+
30	刺胞动物门	带玛拉水母	*Malagazzia taeniogonia*		+
31	浮游幼虫	头足类幼体	*Cephalopoda* larva		+
32	浮游幼虫	虾蛄阿利玛幼虫	*Squilla Alima* larva		+
33	浮游幼虫	桡足类无节幼虫	*Copepoda Nauplius* larva	+	+
34	桡足类	小拟哲水蚤	*Paracalanus parvus*	+	+
35	浮游幼虫	磁蟹溞状幼虫	*Porcellana zoea* larva		+
36	桡足类	近缘大眼水蚤	*Ditrichocorycaeus affinis*	+	+
37	被囊类	异体住囊虫	*Oikopleura dioica*		+
38	刺胞动物门	多手帽形水母	*Tiaropsis multicirrata*		+
39	刺胞动物门	嵴状镰螅水母	*Zanclea costata*		+
40	浮游幼虫	桡足类桡足幼虫	*Copepoda* larva	+	+
41	刺胞动物门	水母幼体	*Medusae* larva		+
42	刺胞动物门	薮枝螅水母	*Obelia* spp.		+
43	浮游幼虫	蔓足类腺介幼虫	*Cirripedia Cypris* larva		+
44	浮游幼虫	苔藓动物双壳幼虫	*Cyphonautes* larva		+
45	端足类	钩虾亚目	Gammaridea	+	+
46	桡足类	汤氏长足水蚤	*Calanopia thompsoni*	+	+
47	桡足类	小毛猛水蚤	*Microsetella norvegica*	+	+

续表

序号	类群	生物种中文学名	生物种拉丁学名	5月	8月
48	浮游幼虫	毛虾溞状幼虫	*Acetes Zoea* larva		+
49	浮游幼虫	海星纲羽腕幼虫	*Bipinnaria* larva		+
50	桡足类	捷氏歪水蚤	*Tortanus derjugini*	+	+
51	桡足类	腹针胸刺水蚤	*Centropages abdominalis*	+	
52	刺胞动物门	八斑芮氏水母	*Rathkea octopunctata*	+	
53	端足类	细足法蛾	*Themisto gaudichaudii*	+	
54	浮游幼虫	蔓足类无节幼虫	*Cirripedia Nauplius* larva	+	
55	桡足类	刺尾歪水蚤	*Tortanus spinicaudatus*	+	

A3. 大型底栖生物物种名录

序号	类群	生物种中文学名	生物种拉丁学名	5月	8月
1	环节动物门	狭细蛇潜虫	*Ophiodromus angutifrons*	+	+
2	环节动物门	巴氏钩毛虫	*Sigambra bassi*	+	+
3	环节动物门	寡节甘吻沙蚕	*Glycinde gurjanovae*	+	+
4	环节动物门	独指虫属	*Aricidea* sp.	+	+
5	环节动物门	独指虫	*Aricidea fragilis*	+	+
6	环节动物门	长锥虫	*Haploscoloplos elongates*	+	+
7	环节动物门	含糊拟刺虫	*Linopherus ambigua*	+	+
8	软体动物门	理蛤	*Theora lata*	+	+
9	软体动物门	织纹螺属	*Nassarius* sp.	+	+
10	软体动物门	圆筒原盒螺	*Eocylichna braunsi*	+	+
11	软体动物门	日本管角贝	*Siphonodentalium japonica*	+	+
12	节肢动物门	三叶针尾涟虫	*Diastylis tricincta*	+	+
13	节肢动物门	轮双眼钩虾	*Ampelisca cyclops*	+	+
14	棘皮动物门	日本倍棘蛇尾	*Amphioplus japonicus*	+	+
15	环节动物门	不倒翁虫	*Sternaspis sculata*	+	+
16	环节动物门	丝异须虫	*Heteromastus filiformis*	+	+
17	环节动物门	长叶索沙蚕	*Lumbrineris longiforlia*	+	+
18	环节动物门	全刺沙蚕	*Nectoneanthes oxypoda*	+	+
19	软体动物门	丽小笔螺	*Mitrella bella*	+	+
20	软体动物门	马丽亚瓷光螺	*Eulima maria*	+	+
21	软体动物门	经氏壳蛞蝓	*Philine kinglipini*	+	+
22	软体动物门	江户明樱蛤	*Moerella jedoensis*	+	+
23	节肢动物门	纵肋饰孔螺	*Decorifera matusimana*	+	

续表

序号	类群	生物种中文学名	生物种拉丁学名	5月	8月
24	节肢动物门	胶州湾壳鄂钩虾	*Chitinomandibulum jiaozhouwanensis*	+	
25	节肢动物门	细长涟虫	*Iphinoe tenera*	+	+
26	环节动物门	覆瓦哈鳞虫	*Harmothoe imbricata*	+	+
27	软体动物门	锐齿缘壳蛞蝓	*Yokoyamaia acutangula*	+	+
28	软体动物门	红带织纹螺	*Nassarius succinctus*	+	+
29	节肢动物门	二齿半尖额涟虫	*Hemileucon bidentatus*	+	+
30	纽形动物门	纵沟属	*Lineus* sp.	+	+
31	脊索动物门	小头栉孔虾虎鱼	*Ctenotrypauchen microcephalus*	+	+
32	棘皮动物门	棘刺锚参	*Protankyra bidentata*	+	+
33	环节动物门	稚齿虫属	*Paraprionospio* sp.	+	+
34	环节动物门	拟特须虫	*Paralacydonia paradoxa*	+	+
35	环节动物门	叶磷虫	*Phyllochaetopterus claparedii*	+	+
36	环节动物门	中华内卷齿蚕	*Aglaophamus sinensis*	+	+
37	环节动物门	双唇索沙蚕	*Lumbrineris cruzensis*	+	+
38	环节动物门	寡鳃齿吻沙蚕	*Nephtys oligobranchia*	+	+
39	环节动物门	长吻沙蚕	*Glycera chirori*	+	+
40	软体动物门	扁玉螺	*Neverita didyma*	+	+
41	软体动物门	豆形胡桃蛤	*Nucula faba*	+	+
42	软体动物门	金星蝶铰蛤	*Trigonothracia jinxingae*	+	+
43	软体动物门	秀丽波纹蛤	*Raetellops pulchella*	+	+
44	节肢动物门	日本拟背尾水虱	*Paranthura japonica*	+	+
45	节肢动物门	塞切尔泥钩虾	*Eriopisella sechellensis*	+	+
46	节肢动物门	钩虾亚目	Gammaridea	+	+
47	环节动物门	囊叶齿吻沙蚕	*Nephtys caeca*	+	

续表

序号	类群	生物种中文学名	生物种拉丁学名	5月	8月
48	软体动物门	彩虹明樱蛤	*Moerella iridescens*	+	+
49	节肢动物门	滩拟猛钩虾	*Harpiniopsis vadiculus*	+	
50	节肢动物门	东方长眼虾	*Ogyrides orientalis*	+	+
51	纽形动物门	细首属	*Procephalathrix* sp.	+	+
52	环节动物门	膜质伪才女虫	*Pseudopolydora kempi*	+	
53	环节动物门	精巧扁蛰虫	*Loimia ingens*	+	
54	软体动物门	小笋螺	*Terebra tantilla*	+	
55	软体动物门	薄云母蛤	*Yoldia similis*	+	+
56	软体动物门	紫壳阿文蛤	*Alvenius ojianus*	+	+
57	软体动物门	尖顶绒蛤	*Pseudopythina tsurumaru*	+	+
58	节肢动物门	海南细螯虾	*Leptochela hainanensis*	+	
59	环节动物门	异足索沙蚕	*Lumbrineris heteropoda*	+	+
60	环节动物门	乳突半突虫	*Phyllodoce papillosa*	+	+
61	环节动物门	白毛钩虫	*Cabira pilargiformis*	+	+
62	软体动物门	白带三角螺	*Trigonostoma scalariformis*	+	
63	软体动物门	中国蛤蜊	*Mactra chinensis*	+	
64	软体动物门	光滑篮蛤	*Potamocorbula laevis*	+	
65	软体动物门	菲吕杂螺科	Ferussaciidae	+	+
66	软体动物门	薄荚蛏	*Siliqua pulchella*	+	
67	节肢动物门	朝鲜独眼钩虾	*Monoculodes koreanus*	+	
68	节肢动物门	潮间海钩虾	*Pontogeneia littorea*	+	
69	环节动物门	刚鳃虫	*Chaetozone setosa*	+	+
70	环节动物门	背褶沙蚕	*Tambalagamia fauveli*	+	
71	软体动物门	沙栖蛤	*Gobraeus kazusensis*	+	

续表

序号	类群	生物种中文学名	生物种拉丁学名	5月	8月
72	节肢动物门	绒毛细足蟹	*Raphidopus ciliatus*	+	+
73	节肢动物门	日本鼓虾	*Alpheus japonicus*	+	+
74	节肢动物门	弯指铲钩虾	*Listriella curvidactyla*	+	+
75	环节动物门	岩虫	*Marphysa sanguinea*	+	
76	环节动物门	有齿背鳞虫	*Lepidonotus dentatus*	+	
77	环节动物门	伪才女虫属	*Pseudopolydora* sp.	+	
78	软体动物门	小荚蛏	*Siliqua minima*	+	+
79	软体动物门	日本镜蛤	*Dosinia japonica*	+	+
80	软体动物门	微小海螂	*Leptomya minuta*	+	
81	节肢动物门	宽甲古涟虫	*Eocuma lata*	+	
82	节肢动物门	中华蜾蠃蜚	*Corophium sinensis*	+	+
83	软体动物门	壳蛞蝓属	*Philine* sp.	+	
84	节肢动物门	长指马耳他钩虾	*Melita longidactyla*	+	+
85	环节动物门	蛇杂毛虫	*Poecilochaetus serpens*	+	
86	扁形动物门	平角涡虫	*Paraplanocera reticulate*	+	+
87	节肢动物门	小头弹钩虾	*Orchomene breviceps*	+	
88	环节动物门	围巧言虫	*Eumida sanguinea*	+	
89	软体动物门	微角齿口螺	*Odostomia subangulata*	+	+
90	软体动物门	保罗尖肋螺	*Tomopleura pouloensis*	+	
91	软体动物门	腰带螺	*Cingulina cingulata*	+	+
92	环节动物门	孟加拉海扇虫	*Pherusa* cf. *bengalensis*	+	+
93	环节动物门	栗色仙须虫	*Nereiphylla castanea*	+	
94	软体动物门	凸壳肌蛤	*Musculus senhousia*	+	+
95	软体动物门	秀丽织纹螺	*Nassarius festivus*	+	+

续表

序号	类群	生物种中文学名	生物种拉丁学名	5月	8月
96	环节动物门	西方似蛰虫	*Amaeana occidentalis*	+	+
97	软体动物门	纵肋织纹螺	*Nassarius variciferus*	+	+
98	节肢动物门	细螯虾	*Leptochela gracilis*	+	+
99	环节动物门	尖叶长手沙蚕	*Magelona japonica*		+
100	环节动物门	中锐吻沙蚕	*Glycera rouxii*		+
101	环节动物门	扁蛰虫	*Loimia medusa*		+
102	环节动物门	鳞腹沟虫	*Scolelepis squamata*		+
103	环节动物门	日本强鳞虫	*Sthenolepis japonica*		+
104	软体动物门	内肋蛤	*Endopleura lubrica*		+
105	软体动物门	耳口露齿螺	*Ringicula doliaris*		+
106	环节动物门	绻旋吻沙蚕	*Glycera tridactyla*		+
107	环节动物门	曲强真节虫	*Euclymene lombricoides*		+
108	环节动物门	树蛰虫	*Pista cristata*		+
109	软体动物门	肋古若塔螺	*Guraleus deshayesii*		+
110	软体动物门	假主棒螺	*Inquisitor pseudoprincipalis*		+
111	节肢动物门	裸盲蟹	*Typhlocarcinus nudus*		+
112	节肢动物门	短角双眼钩虾	*Ampelisca brevicornis*		+
113	节肢动物门	隆线强蟹	*Eucrate crenata*		+
114	节肢动物门	短小拟钩虾	*Gammaropsis nitida*		+
115	环节动物门	毛须鳃虫	*Cirriformia filigera*		+
116	节肢动物门	梭形驼背涟虫	*Campylaspis fusiformis*		+
117	节肢动物门	蓝氏三强蟹	*Tritodynamia rathbunae*		+
118	环节动物门	日本细莱毛虫	*Levinseniagracilis japonica*		+
119	环节动物门	拟突齿沙蚕	*Paraleonnates uschakovi*		+

续表

序号	类群	生物种中文学名	生物种拉丁学名	5月	8月
120	软体动物门	灰双齿蛤	*Felaniella usta*		+
121	软体动物门	偏顶蛤	*Modiolus modiolus*		+
122	节肢动物门	日本游泳水虱	*Natatolana japonensis*		+
123	环节动物门	双栉虫	*Ampharete acutifrons*		+
124	环节动物门	欧文虫	*Owenia fusiformis*		+
125	软体动物门	东京梨螺	*Pyrunculus tokyoensis*		+
126	环节动物门	张氏神须虫	*Eteone tchangsii*		+
127	环节动物门	马丁海稚虫	*Spio martinensis*		+
128	软体动物门	半褶织纹螺	*Nassarius semiplicatus*		+
129	软体动物门	小刀蛏	*Cultellus attenuatus*		+
130	节肢动物门	豆形拳蟹	*Philyra pisum*		+
131	脊索动物门	矛尾虾虎鱼	*Chaeturichthys stigmatias*		+
132	环节动物门	背蚓虫	*Notomastus latericeus*		+
133	软体动物门	小囊螺	*Retusa minima*		+
134	节肢动物门	霍氏三强蟹	*Tritodynamia horvathi*		+
135	环节动物门	丝鳃虫科	Cirratulidae		+
136	软体动物门	泰氏笋螺	*Terebra taylori*		+

A4. 鱼卵、仔稚鱼物种名录

序号	发育阶段	生物种中文学名	生物种拉丁学名
1	鱼卵	斑鰶	*Konosirus punctatus*
2	鱼卵	多鳞鱚	*Sillago sihama*
3	鱼卵	小黄鱼	*Larimichthys polyactis*
4	鱼卵	小带鱼	*Eupleurogrammus muticus*
5	鱼卵	鳀	*Engraulis japonicus*
6	鱼卵	白姑鱼	*Pennahia argentata*
7	鱼卵	赤鼻棱鳀	*Thrissa kammalensis*
8	鱼卵	长蛇鲻	*Saurida elongata*
9	鱼卵	花鲈	*Lateolabrax maculatus*
10	鱼卵	短吻红舌鳎	*Cynoglossus joyeri*
11	鱼卵	中颌棱鳀	*Thrissa mystax*
12	鱼卵	黄鲫	*Setipinna taty*
13	仔稚鱼	鮻	*Liza haematocheila*
14	仔稚鱼	虾虎鱼	*Gobiidae*
15	仔稚鱼	布氏银汉鱼	*Allanetta bleekeri*
16	仔稚鱼	鳀	*Engraulis japonicus*
17	仔稚鱼	花鲈	*Lateolabrax maculatus*
18	仔稚鱼	中颌棱鳀	*Thrissa mystax*
19	仔稚鱼	斑鰶	*Konosirus punctatus*
20	仔稚鱼	日本下鱵	*Hyporhamphus sajori*

A5. 游泳动物物种名录

序号	类别	生物种中文学名	生物种拉丁学名
1	鱼类	短吻红舌鳎	*Cynoglossus joyeri*
2	甲壳类	口虾蛄	*Oratosquilla oratoria*
3	甲壳类	日本蟳	*Charybdis japonica*
4	鱼类	皮氏叫姑鱼	*Johnius belengerii*
5	鱼类	网纹狮子鱼	*Liparis chefuensis*
6	鱼类	髭缟虾虎鱼	*Tridentiger barbatus*
7	鱼类	赤鼻棱鳀	*Thrissa kammalensis*
8	鱼类	矛尾虾虎鱼	*Chaeturichthys stigmatias*
9	鱼类	白姑鱼	*Pennahia argentata*
10	甲壳类	葛氏长臂虾	*Palaemon gravieri*
11	甲壳类	鹰爪虾	*Trachysalambria curvirostris*
12	甲壳类	日本鼓虾	*Alpheus japonicus*
13	甲壳类	日本褐虾	*Crangon hakodatei*
14	甲壳类	细螯虾	*Leptochela gracilis*
15	甲壳类	疣背深额虾	*Latreutes planirostris*
16	鱼类	半滑舌鳎	*Cynoglossus semilaevis*
17	鱼类	尖海龙	*Syngnathus acus*
18	鱼类	大银鱼	*Protosalanx chinensis*
19	甲壳类	绒螯近方蟹	*Hemigrapsus penicillatus*
20	甲壳类	日本关公蟹	*Dorippe japonica*
21	鱼类	花鲈	*Lateolabrax maculatus*
22	头足类	短蛸	*Octopus fangsiao*
23	鱼类	银鲳	*Pampus argenteus*
24	甲壳类	鲜明鼓虾	*Alpheus distinguendus*
25	鱼类	中华栉孔虾虎鱼	*Ctenotrypauchen chinensis*
26	甲壳类	泥脚隆背蟹	*Carcinoplax vestita*

序号	类别	生物种中文学名	生物种拉丁学名
27	甲壳类	瓷蟹	*Porcellanidae* spp.
28	鱼类	黄鲫	*Setipinna taty*
29	鱼类	鲬	*Platycephalus indicus*
30	甲壳类	隆线强蟹	*Eucrate crenata*
31	鱼类	小带鱼	*Eupleurogrammus muticus*
32	鱼类	细纹狮子鱼	*Liparis tanakae*
33	鱼类	赵氏狮子鱼	*Liparis choanus*
34	鱼类	鳀	*Engraulis japonicus*
35	鱼类	星点东方鲀	*Takifugu niphobles*
36	鱼类	大泷六线鱼	*Hexagrammos otakii*
37	鱼类	多鳞鱚	*Sillago sihama*
38	头足类	枪乌贼	*Loliolus* spp.
39	头足类	双喙耳乌贼	*Sepiola birostrata*
40	鱼类	六丝钝尾虾虎鱼	*Amblychaeturichthys hexanema*
41	鱼类	中颌棱鳀	*Thrissa mystax*
42	鱼类	普氏缰虾虎鱼	*Amoya pflaumi*
43	鱼类	方氏云鳚	*Enedrias fangi*
44	鱼类	黄鮟鱇	*Lophius litulon*
45	头足类	长蛸	*Octopus minor*
46	甲壳类	霍氏三强蟹	*Tritodynamia horvathi*
47	甲壳类	双斑蟳	*Charybdis bimaculata*
48	鱼类	绯䲗	*Callionymus beniteguri*
49	甲壳类	豆形拳蟹	*Philyra pisum*
50	鱼类	鮻	*Liza haematocheila*
51	鱼类	绵鳚	*Zoarces elongatus*
52	鱼类	拉氏狼牙虾虎鱼	*Odontamblyopus lacepedii*
53	鱼类	假睛东方鲀	*Takifugu pseudommus*

序号	类别	生物种中文学名	生物种拉丁学名
54	鱼类	褐牙鲆	*Paralichthys olivaceus*
55	鱼类	青鳞小沙丁鱼	*Sardinella zunasi*
56	鱼类	蓝点马鲛	*Scomberomorus niphonius*
57	甲壳类	三疣梭子蟹	*Portunus trituberculatus*
58	甲壳类	中国对虾	*Fenneropenaeus chinensis*
59	鱼类	斑尾刺虾虎鱼	*Acanthogobius ommaturus*
60	甲壳类	红线黎明蟹	*Matuta planipes*
61	鱼类	日本海马	*Hippocampus japonicus*
62	鱼类	斑鰶	*Konosirus punctatus*
63	甲壳类	周氏新对虾	*Metapenaeus joyneri*
64	鱼类	黄鳍东方鲀	*Takifugu xanthopterus*
65	鱼类	小黄鱼	*Larimichthys polyactis*
66	鱼类	长丝虾虎鱼	*Cryptocentrus filifer*
67	鱼类	细条天竺鲷	*Apogon lineatus*
68	甲壳类	红条鞭腕虾	*Lysmata vittata*
69	鱼类	长蛇鲻	*Saurida elongata*
70	鱼类	石鲽	*Kareius bicoloratus*
71	甲壳类	戴氏赤虾	*Metapenaeopsis dalei*
72	鱼类	许氏平鲉	*Sebastes schlegeli*
73	甲壳类	细巧仿对虾	*Parapenaeopsis tenella*
74	鱼类	中国花鲈	*Lateolabrax maculatus*